おっぱっぴー小学校 算数ドリル

小島よしお

KADOKAWA

小島よしお

自分より上の学年をやってみてもいいし、
もうすぎちゃった学年のものでもいい。
よしおといっしょに楽しく勉強しよう！

小島よしお先生から
おっぱっぴー小学校の
お友だちへ

こんにちは。

おっぱっぴー小学校の小島よしおです!

たくさんある本の中から、この本を手にとってくれて

どうもありがとう!

『おっぱっぴー小学校 算数ドリル』では

小学校1年生から6年生までの算数の授業で習うことを

ぼくといっしょに楽しく勉強していくよ。

どこからやってみてもいいので、

もくじを見て、きょうみがありそうなページから始めてみよう。

自分より上の学年のものでもいいのかって?

もうすぎちゃった学年のものでもいいのかって?

「そんなの関係ねぇ!」

習ったところで苦手だと思っていたことでも

もしかすると、すきになっちゃうかもしれないよ!

さあ、ページをめくって!

さっそく授業を始めよう!

小島よしお先生から
子どもたちと一緒に学ぶ
保護者の方へ

ぼくも小学生時代はいわゆるお勉強といわれる教科よりも、体育が好きな活発な子どもでした。計算は速かったのですが、図形などは苦手だったことを覚えています。

小学校の内容でも、大人になったら忘れてしまっているものや、正直今でもわからない！というものもありますよね。そんなとき、お子さんの前だからといって、わかったふりをせずに、「一緒に勉強しよう」と言って、お子さんと一緒に勉強に参加してください。そんなときに、このドリルを使ってほしいのです。

算数の授業を通して伝えたいのは、算数は生活にもっとも関係していて、生きていくうえで必要な知識がいっぱいつまっている教科だ、ということです。そして、この授業動画を作るときに心がけているのが、「自分の中で腹に落ちてから授業をする」ということです。ですから、自分自身がきちんと理解するまで授業はできあがりません。

これまでやってきた中で一番印象に残っているのは「長方形と正方形」の授業ですが、世の中の建物に長方形や正方形が多いのは、それらが頑丈だからなんですね。それを知ったときに、算数っておもしろいなと思いました。

ちなみに授業の中では、世界の人口や地域の特産品など、算数以外の雑学も少しだけ入れています。算数だけでなくさまざまなことから、勉強に興味をもってもらえるといいなと思い、そういった工夫もしています。

勉強はできる、できないを競うためのものではないと考えています。子どものときに勉強を嫌いになるのは、とてももったいないことです。おっぱっぴー小学校を通して、学ぶことの楽しさをお子さんたちに感じていただけることを、心から願っています。

4

勉強はできる、できないを
競うためのものではありません。
算数はもっとも生活に関係していて、
生きていくうえで必要な知識がいっぱいです。

5

もくじ

\ピーヤ/

とくに人気のあった授業から始めてみよう！

人気授業 ベスト5

授業のあとに
練習問題があるよ！

おもしろそうな単元から始めてみよう！

学年別授業 総まとめ

YouTubeも
見ながら
楽しく学ぼう

本書の使い方

【授業ページ】

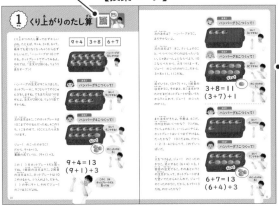

スマホのカメラで二次元バーコードを読み取れば「おっぱっぴー小学校」の該当授業動画を見ることができます。

YouTubeの授業を再現しています。文字の量は多いですが、よしおの声を思い出しながら、ゆっくりでもいいので読んでみるように指導してください。

【練習問題】

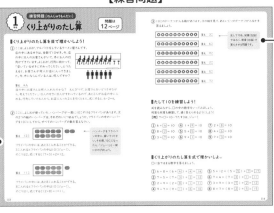

練習問題の解答と解説はP97〜掲載しています。お子さんと答え合わせをしてみてください。

お父さん、お母さん向けのワンポイントアドバイスも掲載しています。

解答と解説には
お父さん、お母さんへの
アドバイスも！

デザイン　　　　松田剛　猿渡直美　伊藤駿英
　　　　　　　　（東京100ミリバールスタジオ）

問題制作・構成　田中伊知郎　天野慎也
学習監修　　　　進学個別桜学舎
マネジメント　　楠美直希
　　　　　　　　（サンミュージックプロダクション）
取材・文・編集　藤門杏子（スリーシーズン）
撮影　　　　　　阿部岳人
スタイリング　　野村奈央
ヘアメイク　　　浅津陽介（メーキャップルーム）
校閲　　　　　　鷗来堂
DTP　　　　　　松浦紗希
編集　　　　　　篠原賢太郎（KADOKAWA）

とくに人気のあった授業から始めてみよう！

人気授業 ベスト5

YouTubeの授業は見てくれた？
ここではとくに反きょうが大きかった
人気の授業を5つえらんだよ！
授業のページをじっくり読んだら
練習問題にちょうせんしてみよう！

練習問題を
やってみよう！

おっぱっぴー
小学校

小学1年
算数

くり上がりの
たしざん

かけざん

おっぱっぴー
小学校

小学2年
算数 かけざん

イコールマン 登場！
とうじょう

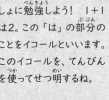

今日はイコールマンといっ
きょう
しょに勉強しよう！1＋1
べんきょう
は2。この「は」の部分の
ぶぶん
ことをイコールといいます。
このイコールを、てんびん
を使ってせつ明するね。
つか　　めい

左がわにきゅうりを1本入れます。そうすると、
ひだり　　　　　　　　　　　　ぼんい
左がわだけが重くなるから、つり合ってないね。
ひだり　　　おも　　　　　　　あ
だから、右がわにきゅうりを1本入れると、つり
みぎ　　　　　　　　　　ぼんい
合ったね！　これが、「＝」ということなんだ。こ
あ
の「＝」の左がわにあるものを左辺、右がわ
ひだり　　　　　さへんみぎ
にあるものを、右辺といいます。両がわのこと
うへん　　　　　りょう
を、両辺といいます。
りょうへん

$$1 + 1 = 2$$

| 左辺 | イコール | 右辺 |
| さへん | | うへん |

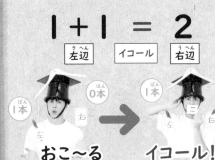

おこ～る　　　　イコール！

イコールマンは平等がすきなの。つり合ってい
びょうどう　　　　　　　　　あ
ないことが、すごくきらいなの。左辺にきゅうり
さへん
を2本入れた。もうつり合ってないね！　イコー
ぼんい　　　　　　あ
ルマンは、おこ～るになってしまいます。なので、
右辺にもきゅうりを2本入れると、イコール！
うへん　　　　　　　　ぼんい

算数の式でいうと、1＋2＝1＋2。左辺に2本を
さんすう　しき　　　　　　　　　　　さへん　　ほん
たして、右辺に2本たした。そうするとイコール
うへん　ぼん
になる。イコールマンは、たしたり、引いたりだ
ひ
けじゃなくて、かけ算やわり算のときも同じなん
ざん　　ざん　　　　おな
だよ。

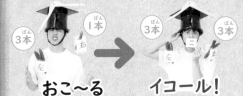

おこ～る　　　　イコール！

9

動画をチェック!

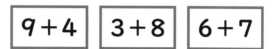

$9+4$　$3+8$　$6+7$

くり上がりのたし算ってむずかしいよね。たとえば、9+4、3+8、6+7。両手でも足りなくなっちゃうからむずかしいんだ。「ハンバーグが10こやける」ホットプレートでやってみるよ。それでは、「注文が2回くる」りょうり店をオープン!

ハンバーグが10こやける!

ハンバーグの注文が9こ入りました。ホットプレートに、9こならべてやくじゅんびをしますね。でもまだ火はつけませんよ。注文が2回くる、りょうり店ですからね。

注文!

ハンバーグ9こつくって!

はい!9こですね!

次の注文は4こ。このホットプレートは10こまでやけるんだったね。4このうち、1こをのせて、10こにしたら火をつけます。

注文!

ハンバーグ4こつくって!

はい!4こですね!

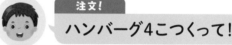

ジュー! のこったのが3こ!
だから、9+4=13。
算数の式でいうと、(9+1)+3。

ジュー!

のこったのは3こ

この( )をホットプレートだと思ってね。1回目の注文は9こ。2回目の注文は4こ。ホットプレートは10こやけるから、1つ入れよう。だから、( )の中に9+1。それでジュー! のこりは3こだよね。

$$9+4=13$$
$$(9+1)+3$$

この( )はホットプレートだと思ってね

次の注文は？　ハンバーグが3こ。まだやかないよ。

次の注文は？　8こ。さいしょの3こと、べつべつにやくのはもったいない。じゃあいっしょにならべよう。10こならべたから、火をつけまーす。ジュー！　のこったのが1こ。だから、3＋8＝11。11こだね。

式でいうと、（3＋7）＋1。1回目の注文が3こ。そのあと、8こ注文がきたけどまだホットプレートが空いてたから7こ入れて、ジュー！　のこったのが1こ。

また注文がきたよ。今度は、6こだ。次の注文はいくつかな？　7こだね。さいしょの6こと、いっしょにやくよ。ホットプレートはいくつまでやけるんだったかな？　10こだよね。だから1・2・3・4こならべて、これでいっぱいだ。

火をつけるよ。ジュー！　のこったのが3こ。式にすると（6＋4）＋3。1回目の注文で6こ。そのあとに7この注文が入って、ホットプレートがまだ空いてたから4こ入れて、ジュー！　のこったのが3こ。だから、6＋7＝13だね。わかったかな？

$$3＋8＝11$$
$$（3＋7）＋1$$

$$6＋7＝13$$
$$（6＋4）＋3$$

くり上がりのたし算

■くり上がりのたし算を目で理かいしよう！

① ここは、よしおが、アルバイトをしているラーメン屋さんです。

店の中にあるせきは、全部で10せき。今、店の中に8人のお客さんがいて、外に6人の行列ができています。よしおが、行列に向かって、「空いているせきにすわってください」とつたえると、お客さんが何人か店に入ってきました。今、外にならんでいる人は、何人ですか？

答え　　　人

② ここに、よしおが使っていた、ハンバーグが一度に10こやけるフライパンがあります。次の2つの絵のハンバーグは、それぞれいくつあるでしょうか。フライパンの中のハンバーグを10こにしてから、すべてのハンバーグの数を答えなさい。

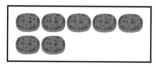

答え　　　こ

答え　　　こ

③ 10このドーナツが入る箱があります。次の絵を見て、あといくつのドーナツが入るかを答えましょう。

○○○○○○○	答え　　　こ
○○○○	答え　　　こ
○	答え　　　こ
○○○○○○○	答え　　　こ
○○○○○	答え　　　こ
○○○	答え　　　こ

▌たして10を練習しよう！

式を読みながら、□の中の数字をいってみましょう。
何度も何度も練習して、速く答えられるようにしよう！

【例】 $7+\square=10$…7たす3は、ジュー！

① $6+\square=10$　④ $1+\square=10$　⑦ $2+\square=10$
② $8+\square=10$　⑤ $5+\square=10$　⑧ $4+\square=10$
③ $3+\square=10$　⑥ $9+\square=10$　⑨ $7+\square=10$

▌くり上がりのたし算を式で理かいしよう！

□に当てはまる数字を答えましょう。

① $6+8=(6+\square)+\square=\square$　⑤ $5+12=(5+\square)+\square=\square$
② $7+5=(7+\square)+\square=\square$　⑥ $7+4=(7+\square)+\square=\square$
③ $2+9=(2+\square)+\square=\square$　⑦ $3+9=(3+\square)+\square=\square$
④ $9+7=(9+\square)+\square=\square$　⑧ $8+7=(8+\square)+\square=\square$

2年生 かけ算

動画を
チェック！

これが何かわかるかな？　そら豆だよ。今回はこのそら豆を使って勉強するよ。まずは数を数えてみよう。１・２・３・４…。えーっと、何度数えても、とちゅうでわからなくなっちゃうんだ。

なやんでいたら、よしおの友だちのさかなクンが「そんなときは5本ずつに分けて数えるといいよ」と教えてくれたよ。なるるほど、5本ずつに分ければいいのか！

そら豆を
たくさん
もらいました！

5本

5本

5本

数えるのが
たいへんだから
5本ずつに
したよ！

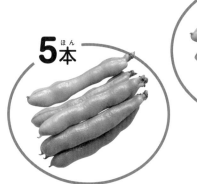

たし算でいうと、5＋5＋5だね。こうやって同じ数字を足すときにべんりなのが、かけ算なの。

これは5が何こあるかな？　3こあるでしょ。だから、5×3って表すの。×は、ばつじゃなくて、かけるって読むんだよ。5かける3。×はかける。ろうかでかけっこは×。こうやっておぼえようね。

$$5＋5＋5$$

$$↓$$

$$5×3$$

5かける3
といいます

そら豆が
2こ入って
いるのが
3本あるね

さて次は、そら豆を開けてみようか。1本に、2こ入っていました。その次は2こ、次も2こ。おっと、かけ算チャンス！ 2このそら豆が3本だから、2＋2＋2だね。

$$2+2+2$$
$$\downarrow$$
$$2\times3$$

2かける3
になるよ

2こが3本あるのを、かけ算だと何ていう？ そう、2×3！ かけ算ってべんりだね。

じゃあ、どんどん問題を出しますよ。3＋3＋3は、かけ算でいうと？ 3が3つあるから、3×3だね。

$$3+3+3$$
$$\downarrow$$
$$3\times3$$

じゃあこれはどうだ？ 6＋6＋6＋6＋6。かけ算だとどうやって表せるかな？ 6×5だね。

$$6+6+6+6+6$$
$$\downarrow$$
$$6\times5$$

では、8＋8＋8＋8＋8＋8＋8＋8はどうかな？ これは、8×8と表すことができます。かけ算の答えは、九九のページを見てね（109ページ）。

$$8+8+8+8+8+8+8+8$$
$$\downarrow$$
$$8\times8$$

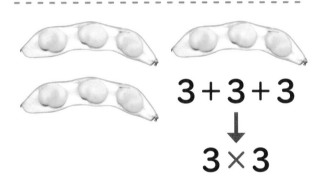

九九で
学んでいこう

2年生 かけ算

かけ算の意味を理かいしよう!

① バナナをたくさんもらいました。よしおは、何度も数えまちがいをしてしまいました。そこで、このバナナを3本ずつまとめました。次のバナナを、3本ずつ、〇でかこんでください。〇はいくつできますか?　お父さん、お母さんといっしょにやってみてもいいよ!

答え　　　つ

② 次の式は、バナナの数をもとめる式。
□に当てはまる数字を答えましょう。□には、同じ数字が入ります。
3+□+□+□+□　　　　　　　　答え

③ 上の式を、かけ算の式にしてみます。□に当てはまる数字を答えましょう。
3×□　　　　　　　　答え

④ バナナの数は、全部で何本ですか?
答え　　　本

たし算をかけ算にかえてみよう!

□に当てはまる数字を答えましょう。

① 2 + 2 + 2 = □ × □ = □

② 1 + 1 + 1 + 1 + 1 + 1 + 1 + 1 = □ × □ = □

③ 3 + 3 + 3 + 3 = □ × □ = □

④ 5 + 5 + 5 + 5 + 5 + 5 + 5 = □ × □ = □

⑤ 4 + 4 + 4 + 8 + 8 + 8 + 8 + 8 = □ × □ + □ × □ = □

⑥ 2 + 2 + 2 + 7 + 7 + 1 + 1 + 1 + 9 =
□ × □ + □ × □ + □ × □ + □ × □ = □

■文しょう問題にチャレンジしよう！

よしおは、友だち6人とキャンプにいきました。「たき火をするから、えだを集めよう！」
そこで、みんなは森に入って、落ちているえだをさがしました。すると、友だち3人は、えだを
1人3本ずつ持ってきました。ほかの友だち3人は、えだを1人4本ずつ。よしおは、2本でした。

① 全部で何本のえだが集まりましたか？　たし算の式を使ってもとめましょう。
答え＿＿＿＿＿＿＿＿＿＿＿＿＿＿＿＿＿＿

② かけ算とたし算を使って、式をつくりましょう。
答え＿＿＿＿＿＿＿＿＿＿＿＿＿＿＿＿＿＿

チョコレートのブロックの数をかけ算でもとめてください。

①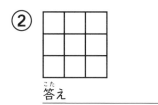
答え＿＿＿＿＿＿＿＿＿＿＿＿＿

②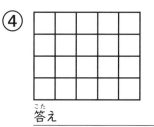
答え＿＿＿＿＿＿＿＿＿＿＿＿＿

③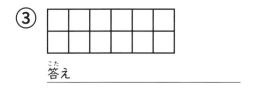
答え＿＿＿＿＿＿＿＿＿＿＿＿＿

④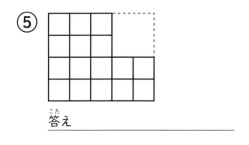
答え＿＿＿＿＿＿＿＿＿＿＿＿＿＿＿＿＿＿

⑤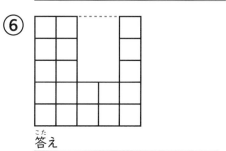
答え＿＿＿＿＿＿＿＿＿＿＿＿＿

⑥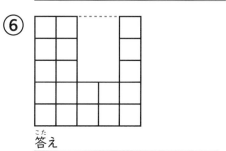
答え＿＿＿＿＿＿＿＿＿＿＿＿＿

動画を
チェック!

風船が6こあるよ。これを3人で分けたいと思います。赤い風船はよしいちろう、黄色い風船はよしお、青い風船はよしさぶろう。

ここに
6この風船が
あるよ

1人当たり、2この風船が手元にあるね。これを算数でわり算っていうんだ。6この風船を、3人でわったら、2こだね。

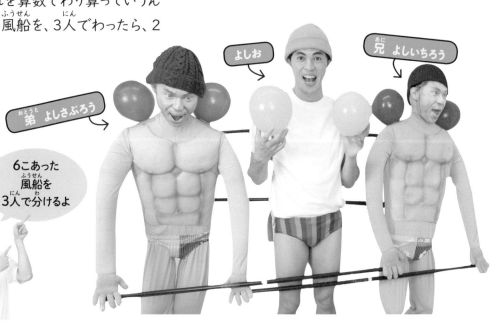

よしお

兄 よしいちろう

弟 よしさぶろう

6こあった
風船を
3人で分けるよ

これを算数の式にすると、6÷3。なんかへんなのが真ん中にいるね。「÷」は、わるっていうんだ。風船が上と下に2こあって、真ん中にぼうがある。こうやっておぼえよう。

$$6 \div 3 = 2$$

これを
わる
というよ

「わり算ってかんたんだね。風船をわればいいんだろ?」って、よしさぶろうが風船をわっちゃった! 1こわれて、5こになっちゃったから、もう1回わり算をやり直そう。

パン!

風船
われちゃった

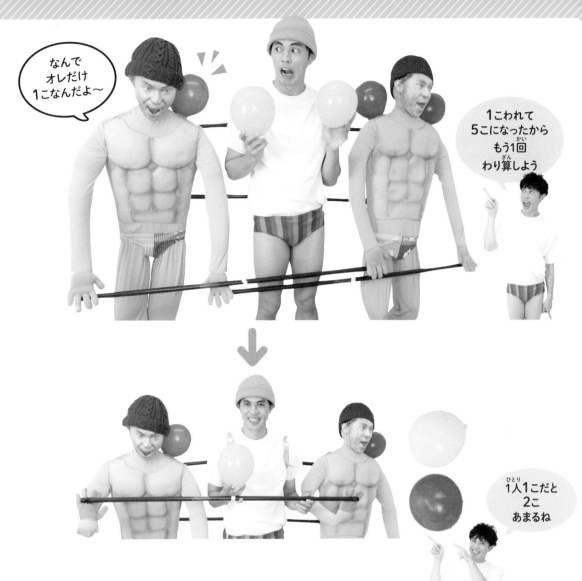

なんで
オレだけ
1こなんだよ〜

1こわれて
5こになったから
もう1回
わり算しよう

1人1こだと
2こ
あまるね

今度は、5この風船を3人で分ける
よ。よしいちろうが2こ、よしおが2こ、
よしさぶろうが1こになっちゃった。こ
れじゃあ、よしさぶろうの風船が少な
いね。じゃあ、よしいちろうと、よしお
は風船を1こずつもどそう。こうすれ
ば、1人1こずつで、2こあまったね。

これを算数の式で表すとこうなるよ。
5÷3＝1…2。この、「…」のことを、
あまりというよ。あまった風船は、ほ
しい人にあげるといいと思うよ！

$$5 \div 3 = 1 \cdots 2$$

↑
あまり

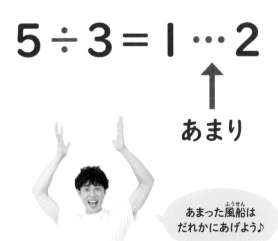

あまった風船は
だれかにあげよう♪

3年生 わり算

絵を見て考えよう!

① 次のえんぴつを3人で分けてください。1人当たり何本になりますか?

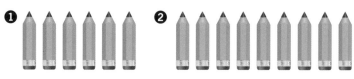

❶   ❷

答え　❶　　　　❷ _____

② 次のえんぴつを4人で分けてください。1人当たり何本になりますか?

❶   ❷

答え　❶　　　　❷ _____

③ 近所の人から、チョコレートをもらいました。よしおは、遊びに来たよしいちろうと2人で分けることにしました。どうやってわったら、平等に分けられますか?　ただし、わるのは1回とします。

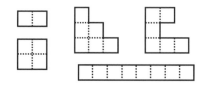

④ またまた、よしおは近所の人からチョコレートをもらいました。今度は、よしいちろう、よしさぶろうの3人で、平等に分けることにしました。どうやってわったら、平等に分けられますか？　ただし、わるのは1回とします。

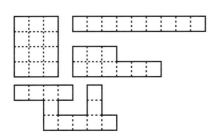

■式に表して考えよう！

① よしおは、千葉の友だちから、ネギを9本もらいました。よしいちろう、よしさぶろうの3人で平等に分けることにしました。1人当たり何本になりますか？　もとめ方を式で表しなさい。

答え　式＿＿＿＿＿＿＿＿＿＿＿＿＿＿

② よしおは、青森の友だちからりんごを17こもらったので、よしいちろう、よしさぶろうと、さかなクンの4人で平等に分けることにしました。1人当たり何こになりますか？
もとめ方を式で表しなさい。

答え　式＿＿＿＿＿＿＿＿＿＿＿＿＿＿

③ よしおの友だちのミカン農家で、1本の木から、12このミカンがとれました。2こずつふくろに入れて、友だちに配ろうと思っています。何人に配ることができますか？　もとめ方を式で表しなさい。

答え　式＿＿＿＿＿＿＿＿＿＿＿＿＿＿

④ 12このミカンをもらったあと、ミカン農家のおじさんがさらに7こくれました。よしおは、これも2こずつふくろに入れて、友だちに配ることにしました。何人に配ることができますか？　もとめ方を式で表しなさい。

答え　式＿＿＿＿＿＿＿＿＿＿＿＿＿＿

動画をチェック!

今回は大きな数を勉強します! さて右の数字なんだけど、わけわかんないよね。なんだかバーコードみたいだ。この数字をわかりやすく読むためのポイントがあって、それは「4人家族の家」なんだ。

432195876912

大きな数を読むときは家をつくってみよう

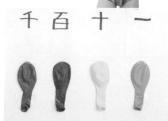

ちょっとふく習ね。数っていうのは一のくらいから始まって、十のくらい、百のくらい、千のくらい、だよね。風船の上にも、一、十、百、千って4つの文字があるね。これが大事なんです。大事といえば家族だね。だから4人家族にしたよ! 赤ちゃんの一子ちゃん、お兄ちゃんの十郎くん、お母さんの百絵ママ、お父さんの千吉パパ。この4人、一、十、百、千が読めるようになると、もうおり返し地点!

4人家族だよ

じゃあやってみよう。数は左から読んでいくよ。5412だと、千のくらいが5、百のくらいが4、十のくらいが1、一のくらいはそのまま読んで2。だから五千四百十二。さあ、練習しよう!

5412 → ごせん よんひゃく じゅう に
3048 → さんぜん よんじゅう はち
4506 → よんせん ごひゃく ろく
6830 → ろくせん はっぴゃく さんじゅう
0423 → よんひゃく にじゅう さん

左から読もう

次のポイントは「数字の家には4人まで！」。だから下の写真のように、ふえちゃう場合は新しく「万」の家をつくります。「万」の家がいっぱいになったら「億」の家をつくろう。

この家をつくると、べんりなんだ。じゃあ、432195876912でも、家をつくってみようか。

家をたてる！
数字の家には4人までしか住めない

4人家族

家をつくるととってもべんりだよ

家っていうのは、右からつくるんだ。読むのは左から。まずは家の中を読むよ。四千三百二十一。家は「億」だね。次の家の中は九千五百八十七で、家は「万」。次は六千九百十二で、家の名前はないからそのまま読むよ。だから、この数字は、四千三百二十一億、九千五百八十七万、六千九百十二。

432195876912

右からつくって左から読もう

もっと練習してみようか。次の数字は五百二十四億、千三百九十三万、四千百九十八になるね！

52413934198

4人家族の家をつくろう

億より大きい家もあって、それが「兆」。右の数字は、百二兆、六千五百八十二億、三千七百四十九万、二千百五十六。大きな数、読めるようになったかな？
26ページの歌もおぼえてみよう！

102658237492156

もっと大きな「兆」も！

大きな数

■大きな数を理かいしよう!

次の大きな数を4つの部屋に入れて、読んでみましょう。

① 7795000000 （世界の人口）

兆　　億　　万

② 126500000（日本の人口）

兆　　億　　万

③ 1435651000（中国の人口）

兆　　億　　万

④ 2000（ニウエの人口…世界で一番人口の少ない国）

兆　　億　　万

⑤ 56680362

兆　　億　　万

⑥ 100000000000000（人間の腸内の菌の数）

兆　　億　　万

⑦ 78473093759112

兆　　億　　万

⑧ 120000000000（日本のしゃっ金）

兆　　億　　万

▌数直線を見て答えよう!

次の数直線の□に、当てはまる数を入れましょう。

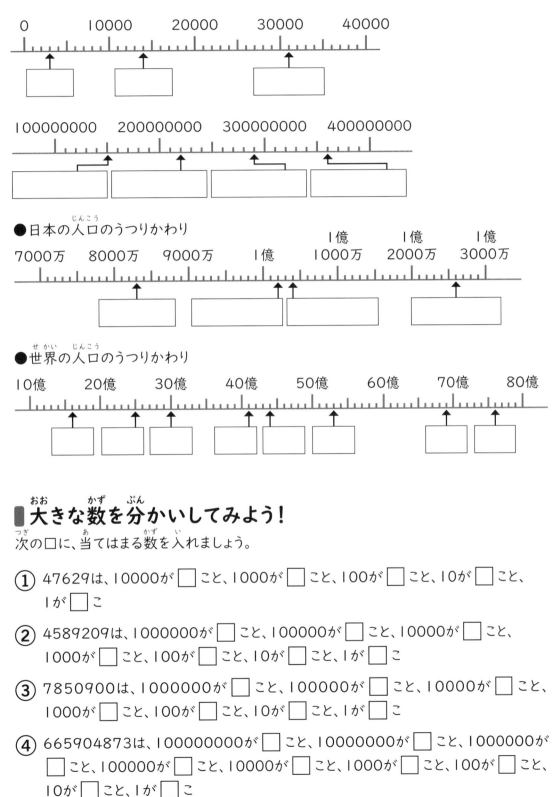

● 日本の人口のうつりかわり

● 世界の人口のうつりかわり

▌大きな数を分かいしてみよう!

次の□に、当てはまる数を入れましょう。

① 47629は、10000が□こと、1000が□こと、100が□こと、10が□こと、
  1が□こ

② 4589209は、1000000が□こと、100000が□こと、10000が□こと、
  1000が□こと、100が□こと、10が□こと、1が□こ

③ 7850900は、1000000が□こと、100000が□こと、10000が□こと、
  1000が□こと、100が□こと、10が□こと、1が□こ

④ 665904873は、100000000が□こと、10000000が□こと、1000000が
  □こと、100000が□こと、10000が□こと、1000が□こと、100が□こと、
  10が□こと、1が□こ

大きな数のおぼえ歌

動画に合わせて歌ってみよう♪

すうじはつづくよーどこまでもー
いーち、じゅう、ひゃくこーえー
せんこえてー

まん、おく、ちょうこーえー
そのさきをー

指を使うと
頭が活せい化
するんだよ

りょうてでいっしょーにー
おーぼえましょー

けい、がい、じょ
じょう、こう、かん
せい、さい、ごく、ごうがしゃ

あそうぎ、なゆた
ふかしぎ、むりょうたいすう

何回も何回も歌っておぼえてね。

京
_{けい}

100000000000000

垓
_{がい}

100000000000000000

秭
_{じょ}

100000000000000000000

穣
_{じょう}

1000000000000000000000000

溝
_{こう}

10000000000000000000000000

澗
_{かん}

1000000000000000000000000000000

正
_{せい}

100000000000000000000000000000000000

載
_{さい}

10000000000000000000000000000000000000000

極
_{ごく}

1000000000000000000000000000000000000000000000

恒河沙
_{ごうがしゃ}

1000000000000000000000000000000000000000000000000000

阿僧祇
_{あそうぎ}

10000000000000000000000000000000000000000000000000000000000

不可思議
_{ふかしぎ}

1000000000000000000000000000000000000000000000000000000000000000

恒河沙・阿僧祇の注記は上記の通り。

きかん車
スージー
よろしく!

那由他
_{なゆた}

100000000000000000000000000000000000000000000000000000000000000000000

無量大数
_{むりょうたいすう}

1000000000000000000000000000000000000000000000000000000000000000000000

5年生 円周率（えんしゅうりつ）

動画をチェック！

まず、円ってどんなものだろう？ ピザみたいに丸くて、真ん中からはじっこまでのきょりが全部いっしょのもの。これを「円」というんだ。ピザのまわりに緑色のひもをおくよ。このひもの長さが、円と深い関係があります！

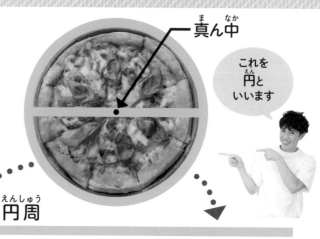

真ん中

これを円といいます

円周

直径

短いほうのひもは、ピザの真ん中を通って、はじからはじまでの長さといっしょ。これを算数では「直径」といいます。そして、ながーいひもは、ピザでいうとみみの部分と同じ長さ。これを算数では「円周」といいます。

この円周は直径の何倍の長さでしょうか？

円周

直径　直径　直径

ここで問題です。円周は、直径の長さの何倍でしょうか。ながーいひもは、短いひもの長さの何倍かな？ ほら、3倍とちょっとだね！

これを算数では、「×3とちょっと」というんだ。まとめると、直径×3とちょっとが円周になるわけ。

直径 × 3とちょっと = 円周

×3とちょっと！

円周率

ピザだけじゃなくて、もっと大きい円でも、ちっちゃい円でも、円周は直径「×3とちょっと」なの。すごいよね。すごすぎるから、名前があるんだ。それが「円周率」!

もっと大きい円でやってみないとわからない? じゃあ、フラフープでやってみよう! フラフープみたいに大きい円のときは、目じるしをつけるとわかりやすいよ。地面につけて転がして、目じるしがもう一度地面についたところまでの長さが円周だね。そこに、よしおの海パンをおいておくよ。くるくるくるくるくる円周率♪

どんな円でも、円周は直径の3倍とちょっとだったよね。直径っていうのは、真ん中を通ってはじからはじまで。フラフープの直径が1、2、3。やっぱり、よしおの海パンまでちょっとあまった! 大きな円でも円周は、直径の3倍とちょっとだね。これで円周率がわかったかな?

小さなコインでも×3とちょっと

目じるし

大きなフラフープでやってみよう!

よしおの海パンまであとちょっと!

5 年生 えんしゅうりつ 円周率

円周は、直径の「×3とちょっと」であることがわかりました。

「ちょっと」の部分は、じつは正かくにいうことができないのです。なぜなら・・・

円周率＝3.14159265358979323846264338327950288841971・・・・とずっと続くのです。そこで、おっぱっぴー小学校では、「×3とちょっと」としました。

小学校では、始めの3つの数字をとって、「3.14」としています。

■円周率を使って考えよう！

次の（ ）に数字を入れなさい。円周率は、3.14とします。

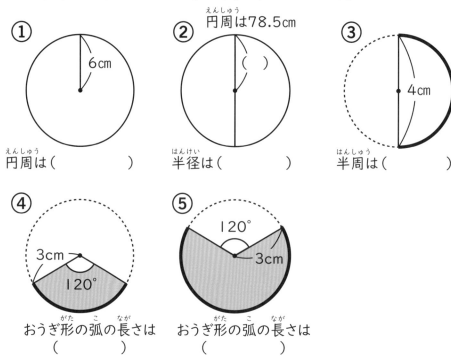

① 6cm

円周は（　　　　　　）

② 円周は78.5cm

（ ）

半径は（　　　　　　）

③ 4cm

半周は（　　　　　　）

④ 3cm 120°

おうぎ形の弧の長さは

（　　　　　　）

⑤ 120° 3cm

おうぎ形の弧の長さは

（　　　　　　）

文しょう問題にチャレンジしよう!

① よしおは、よしいちろうと遊園地へ行き、2人でかんらん車に乗ることにしました。

よしいちろう「このかんらん車、1周、どのくらいあるんだろう?」

よしお「高さは、30mらしいよ」

かんらん車1周のきょりは何mですか。円周率は、3.14とします。

答え＿＿＿＿＿＿

② 2人は、遊園地のメリーゴーラウンドの前にやってきました。

よしいちろう「乗りたい!　1周はどのくらいあるんだろう」

よしお「直径は、12mらしいよ」

2人は、メリーゴーラウンドの一番外がわの木馬に乗りました。メリーゴーラウンドの1周のきょりは何mですか?　円周率は、3.14とします。

答え＿＿＿＿＿＿

③ さらに、遊園地を楽しみます。

よしいちろう「バイキングに乗りたいよ!　一番ゆれたとき、どのくらい進むんだろう」

よしお「ブランコの長さは12m、角度は、120°らしいよ!」

ゆれたときのきょりは何mですか?　下の図を見て考えましょう。円周率は、3.14とします。

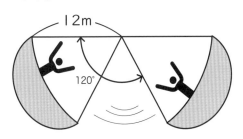

12m

120°

答え＿＿＿＿＿＿

④ よしおとよしいちろうは、自転車で家に帰ることにしました。

よしいちろう「よしおの自転車のタイヤは、1周ぐるりと回ると、どのくらい進むの?」

よしお「半径は、45cmだよ!」

自転車が1回転したときに進むきょりは何mですか?　円周率は、3.14とします。

答え＿＿＿＿＿＿

おもしろそうな単元から始めてみよう！
学年別授業 総まとめ

1年生から6年生まで、
学年別に習うことをならべたよ！
じゅん番に読んでいってもいいし、
楽しそうなものから読んでもOK。
きっと算数がすきになるはずだよ！

練習問題を
やってみよう！

全学年共通

0ってなんだ？

数の数え方っていろいろあるよね。クッキーは1まい、2まい。行列ができていてじゅん番を数えるときは、1番目、2番目。ものの長さを数えるときは、はかるともいうね。たとえば身長ならセンチメートル。体重ならキログラム。

1まい 2まい

ゼロって数えるときにあまり登場しないよね。身長が0センチメートルのお友だちも、体重が0キログラムのお友だちもいないもんね。ゼロは、ふだんの生活では感じづらい。でも、ものさしを見てみると、0はある。このスタートラインのところにいるよね！

ここに
0がいるね！

でもじつは、みんな、気づかないうちにゼロを表しているんだよ。下の絵を見てごらん。ほら、1の前に0をつくってるよね！ 0の大切さ、わかったかな？

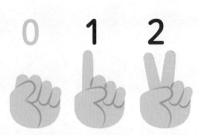

33

くり下がりのあるひき算

動画をチェック!

この15−7とか、12−6とか、28−9とか、むずかしいよね。くり下がりのひき算は、お金を使って勉強するとよくわかります。では、くり下がり銀行オープン!

いらっしゃいませ。お客様の金庫には、いま、15円入っています。ここから、7円引き出すんですね。それは、15−7です。ちょっとむずかしいですよ。

そういうときは、両がえ。10円玉を1円玉10まいに両がえしました。ここからだったら7円引けるよね。のこりは8円だ。だから、15−7=8。

これは、(10−7)+5ということ。1円玉10まいから7円を引き出した。そうするとのこったのが1円玉3まい、つまり3円。それに5円をたすと、8円ということになります。

[くり下がり銀行]

銀行であつかうお金を使うとよくわかるよ

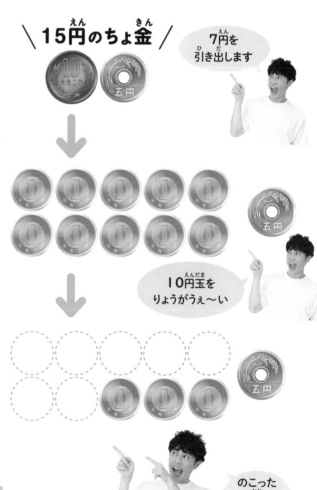

\ **15円のちょ金** /

7円を引き出します

10円玉をりょうがうぇ〜い

のこったお金は8円

$$15-7=8$$
$$(10-7)+5$$

次のお客様、いらっしゃいませ。お客様の金庫には、12円入っています。今日はいくら引き出しますか？　6円ですね。ということは、12−6になります。こういうときは、10円玉を1円玉に両がえするんだったね。そこから、6円引き出します。いっしょにのこりの金がくをたしかめましょう。のこりは6円ですね。

（10−6）＋2＝6なんだ。これが、12−6＝6ということ。10円玉を1円玉10まいに両がえして、そこから6円引き出した。のこった4円と、もともとあった2円を合わせたんだ。

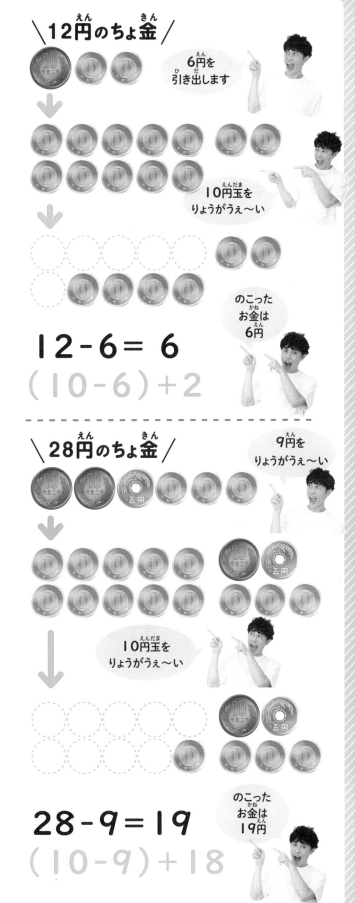

\\12円のちょ金/

6円を
引き出します

10円玉を
りょうがうぇ〜い

のこった
お金は
6円

$$12-6=6$$
$$(10-6)+2$$

お次は、大口のお客様。いつもいっぱいちょ金をしてくれて、ありがとうございます。お客様のちょ金は28円も！　今日はどれくらい引き出しますか？　9円ですね。ここからはちょっとむずかしそうですよ。

そういうときは、10円玉を両がえ。そうしたら、9円引き出そう。のこった金がくは、いくらかな？　そう、19円だね。だから、28−9＝19。

これは、（10−9）＋18ということだね。10円玉を1円玉10まいに両がえして、そこから9円を引き出すと、のこりが1円。もともとあった18円をたしてみて。19円になるよ。

\\28円のちょ金/

9円を
りょうがうぇ〜い

10円玉を
りょうがうぇ〜い

のこった
お金は
19円

$$28-9=19$$
$$(10-9)+18$$

1年生 くり下がりのあるひき算

10を分かいしてみよう！

10は、1と9、2と8、3と7、4と6、5と5、6と4、7と3、8と2、9と1に分かいできます。次の10この■■■■■■■■■■を、分かいしてみましょう。例にならって、□の中に■をいくつか書き入れなさい。

【例】■■■■と ■■■■■■

① ■■■と
② ■■と
③ ■■■■と
④ ■と
⑤ ■■■■■■と

□に当てはまる数字を答えましょう。何度もくり返して、問題をできるだけ速くとけるようになりましょう。

① 3 + □ = 10　④ 5 + □ = 10　⑦ 2 + □ = 10
② 7 + □ = 10　⑤ 6 + □ = 10　⑧ 4 + □ = 10
③ 8 + □ = 10　⑥ 1 + □ = 10　⑨ 9 + □ = 10

くり下がりのひき算を目で理かいしよう！

次のブロックの集まりから、ブロックをいくつか引いてください。
問題をとく前に、コツを学んでから始めましょう。

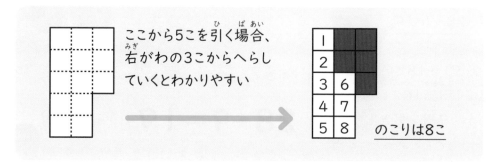

ここから5こを引く場合、右がわの3こからへらしていくとわかりやすい

のこりは8こ

①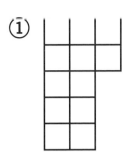

7このブロックを引くと、
のこりはいくつになりますか？
答え＿＿＿＿＿

②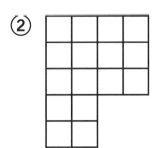

7このブロックを引くと、
のこりはいくつになりますか？
答え＿＿＿＿＿

③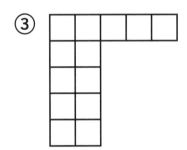

8このブロックを引くと、
のこりはいくつになりますか？
答え＿＿＿＿＿

④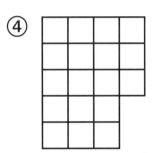

9このブロックを引くと、
のこりはいくつになりますか？
答え＿＿＿＿＿

■ くり下がりのひき算を式で理かいしよう！

下の例を見本に、次の□に当てはまる数字を答えましょう。

【例】 $12 - 4 = (\boxed{10} + \boxed{2}) - 4 = (\boxed{10} - \boxed{4}) + 2 = \boxed{6} + \boxed{2} = \boxed{8}$

① $15 - 6 = (10 + 5) - 6 = (10 - 6) + 5 = \square + 5 = \square$

② $14 - 8 = (10 + 4) - 8 = (10 - 8) + 4 = \square + 4 = \square$

③ $11 - 3 = (10 + 1) - 3 = (10 - 3) + 1 = \square + 1 = \square$

④ $15 - 6 = (10 + \square) - 6 = (10 - 6) + \square = \square + \square = \square$

⑤ $17 - 9 = (10 + \square) - 9 = (10 - 9) + \square = \square + \square = \square$

⑥ $12 - 7 = (10 + \square) - 7 = (10 - 7) + \square = \square + \square = \square$

⑦ $14 - 5 = (\square + \square) - 5 = (\square - 5) + \square = \square + \square = \square$

⑧ $16 - 8 = (\square + \square) - 8 = (\square - 8) + \square = \square + \square = \square$

⑨ $18 - 9 = (\square + \square) - 9 = (\square - 9) + \square = \square + \square = \square$

動画をチェック!

1メートルのものさしを買ったよ。よしおの体でいうと、指先からちくびまで。これが、1メートル。昔の人が、地球の上から下までをむすんだ線と、赤道がぶつかったところのきょりをはかった。その1000万分の1を、1メートルと決めたんだ。1メートルもみんなと同じ、地球生まれなんだね!

メートルのほかにもセンチメートルやミリメートルがあります。ふだんは、センチとかミリっていうけど、それはあだ名みたいなもので、正式にはセンチメートル、ミリメートルといいます。みんなメートルがつくね。3人はなかまなんだ。

まず、センチくんを見てみよう。1センチメートルっていうのは、よしおの体でいうと、鼻のあな。1メートルはよしおの鼻のあなが100こある、というふうに考えるとわかりやすいよ。

次はミリメートル。これはセンチメートルよりも小さいんだ。よしおの体でいうと、ひげ。じょりひげ1本分だ。

ちなみに、センチというのは、ラテン語で100、ミリは1000という意味。これはおぼえなくてもいいけど、おぼえているとかっこいいな!

1メートルのものさしを買ったよ

よしおのちくびまで1メートルくらい

よしおの鼻のあな1センチ

[長さの単位]

メートル → おじいちゃん
センチメートル → 子ども
ミリメートル ⟶ まご

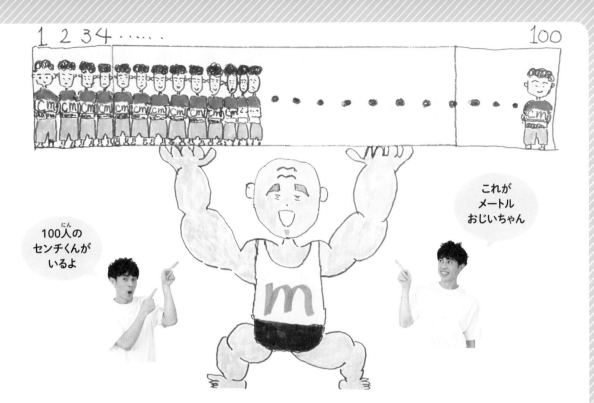

メートルとセンチメートルとミリメートルはなかまっていったけど、家族といういい方もできるね。メートルおじいちゃんには、100人のセンチくんという子どもがいる。センチくんは子どもで、ミリちゃんはまご。センチくんという100人の子どもがいて、ミリちゃんという1000人のまごがいる。

さらに、センチくんをかく大すると…ジャーン！ センチくんひとりが、何人のミリちゃんをかかえているかな？ そう、10人。だから、1センチは、10ミリということになります。

2年生 長さの単位 m cm mm

単位を目で理かいしよう！

次のものさしの、青い線の長さを答えなさい。 単位は、cm、mmを使ってください。

①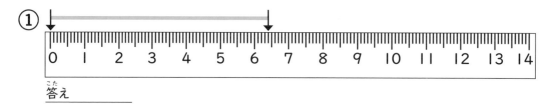

答え _____

②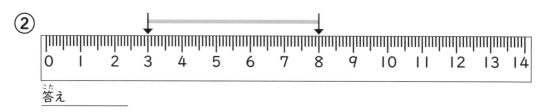

答え _____

③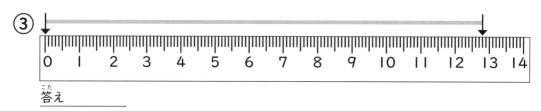

答え _____

④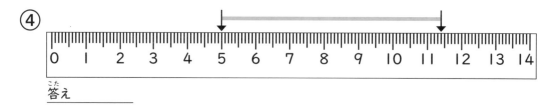

答え _____

⑤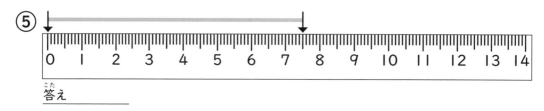

答え _____

⑥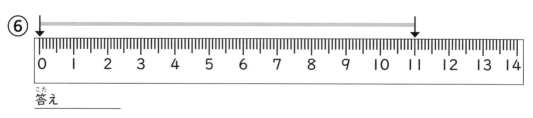

答え _____

単位をおきかえて考えよう!

次のうち、左と右で、同じ長さはどれでしょうか? 線でつなぎなさい。

① 1cm ・　　　・ 50mm
　 2cm6mm ・　　　・ 50cm
　 5cm ・　　　・ 260mm
　　　　　　　　　・ 10mm
　　　　　　　　　・ 26mm

② 4cm2mm ・　　　・ 420mm
　 70mm ・　　　・ 42cm
　　　　　　　　　・ 70cm
　　　　　　　　　・ 7cm
　　　　　　　　　・ 42mm

③ 1m5cm ・　　　・ 420mm
　 3m ・　　　・ 150cm
　　　　　　　　　・ 300cm
　　　　　　　　　・ 105cm
　　　　　　　　　・ 300mm

④ 5m35cm ・　　　・ 535cm
　 700cm ・　　　・ 700mm
　　　　　　　　　・ 535mm
　　　　　　　　　・ 70mm
　　　　　　　　　・ 7m

単位を式で理かいしよう!

次の□に当てはまる数を入れましょう。

① 1m + 50cm = □ cm

② 90cm +70cm = □ cm = □ m □ cm

③ 3m20cm + 80cm = 3m + □ cm = □ m

④ 80cm + 40cm + 30cm + 70cm = □ cm = □ m □ cm

⑤ 235mm + 13cm + 4cm7mm + 5cm =
　 □ cm □ mm + 13cm + 4cm7mm + 5cm = □ cm □ mm

⑥ 1007mm + 50cm + 4mm = □ m □ mm + 50cm + 4mm = □ m □ cm □ mm

動画をチェック！

「球」には、いろいろある。たとえば、バスケットボール、野球のボールも球。よしおが今のっているバランスボールも球。みんなが今のっている球もあるよね？　それは、地球！　地球っていうのは、大地の球と書いて、地球なんだ！

よしおがのっているのはバランスボール

うぇ〜い

いろんな球があるんだよ

バランスボール

野球のボール

バスケットボール

みんながのっている球は……地球

球というのは、どこから見ても円なんだ。たとえば、地球ぎで日本を真ん中にして見てみよう。円だね。北きょくを真ん中にして見たときも、円。南きょくを真ん中にして見たときも、円。どこから見ても円なんだ。これが1つ目のとくちょうだよ。

2つ目のとくちょうは、どこから切っても円。オレンジを真ん中から切ってみるよ。ほうちょうを使うときはお父さんやお母さんといっしょにね。さあ、どんな形かな？　やっぱり円だね。

じゃあ、次はななめに切ってみますよ。ジャーン！　ななめに切っても、円。どこから切っても、円なんです。

真ん中で切ったオレンジを見てね。真ん中の部分を中心といいます。真ん中から、皮の部分までは半径。皮から中心を通って皮までを、直径といいます。球は、「どこから切っても円」「どこで切っても円」だよ！

球のとくちょう①
どこから見ても円

日本　　北きょく　　南きょく

オレンジを切ってみるよ

球のとくちょう②
どこから切っても円

真ん中から切っても円

ななめに切っても円

スペシャルとくちょう

真ん中
中心 ちゅうしん

真ん中から
皮の部分まで
半径 はんけい

皮から
中心を通って
皮まで
直径 ちょっけい

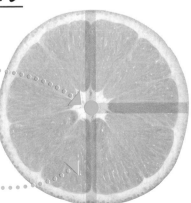

2年生 練習問題

球について

① あなたの身の回りで形が「球」のものをさがしてみましょう。

答え _____

② 身の回りで「球」という言葉がつくものをさがしてみましょう。

答え _____

③ (　　　)に当てはまる球の部分の名前を答えなさい。

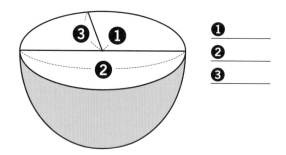

❶ _____

❷ _____

❸ _____

④ よしおは、高校の野球部の友だちと、ひさしぶりに野球をすることになりました。よしおは、野球のボール1ダース（12こ入り）を2こ、合計24このボールを持って行かなくてはいけません。箱が絵のようなとき、どのくらいの大きさのバッグを用意すればいいでしょう？　バッグのヨコ、タテ、高さをもとめなさい。野球ボールの直径は7cmとします。

答え　ヨコ　　　　　タテ　　　　　高さ

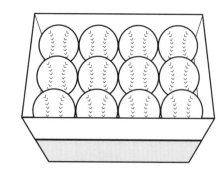

⑤ どちらの切り口が大きいでしょうか。

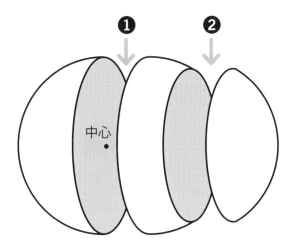

中心

答え _____

⑥ 次のうち、回転させると球になるものはどれですか?

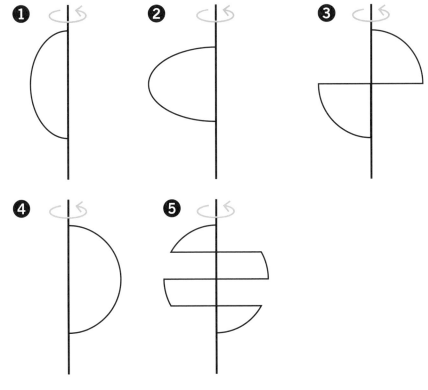

答え _____

長方形と正方形

四角形というよ

よしおの回りにある形はみんな、ある名前がついているんだけどわかるかな？ これは全部、4つ角があるから、四角形。

おうちで四角形をさがしてみよう

テレビ

れいぞう庫

タンス

家の中でも四角形のものをさがしてみよう。テレビ、タンス、れいぞう庫、いろいろあるね。

長方形　　正方形

いろいろな四角形があったと思うけど、なかでも多い形は、この2つじゃなかった？ これは長方形と正方形っていいます。では、長方形と正方形の2つのとくちょうをせつ明していきますよ。

長方形のとくちょうは、2つあります。1つ目は、角。4つの角が全部90度なんだ。90度はとくべつな角度だから、「直角」という名前があります。「直角」は、角とその大きさのページで勉強するよ（58ページ）。

2つ目のとくちょうは、向かい合う辺が平行だということ。長方形は、左右の辺と上下の辺にかこまれている。向かい合っている辺は「平行」になっているよ。「平行」というのは、どこまでいっても交わらないこと。近づいたりもしないし、はなれたりもしないじょうたいだよ。「へ〜こうなんだ」っておぼえよう。

もう1回おさらい。4つの角が直角。向かい合っている辺が、平行。この2つが、長方形のとくちょうだよ。

正方形っていうのは、長方形のとくちょうにくわえて、辺の長さがみんな同じなの。

なんで、長方形と正方形が家の中にいっぱいあるんだろう？ それはね、長方形と正方形はStrong。強いってこと。こわれない、がんじょうってことだよ。

\ 長方形のとくちょう① /
4つの角が全部90度

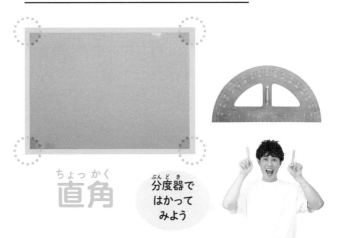

ちょっかく
直角

分度器で
はかって
みよう

\ 長方形のとくちょう② /
向かい合う辺が平行

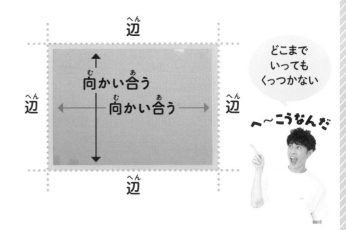

辺

向かい合う
向かい合う

辺

辺

辺

どこまで
いっても
くっつかない

へ〜こうなんだ

\ 正方形のとくちょう /
4つの辺の長さが同じ

長方形も
正方形も
強いんだよ！

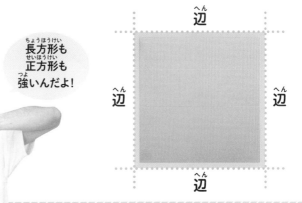

辺

辺

辺

辺

Strong!

長方形と正方形

① あなたの身の回りで形で長方形のものをさがしてみましょう。
思いつくかぎり書いてください。

答え _____

② あなたの身の回りで形で正方形のものをさがしてみましょう。
思いつくかぎり書いてください。

答え _____

③ 下のぼうを4本使って、長方形をつくりなさい。いくつできますか？

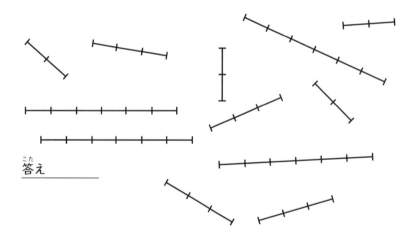

答え _____

④ 下のぼうを4本使って、正方形をつくりなさい。いくつできますか？

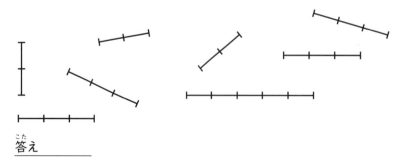

答え _____

⑤ 下の三角形を組み合わせて、長方形と正方形をつくりなさい。
それぞれ、いくつできますか？

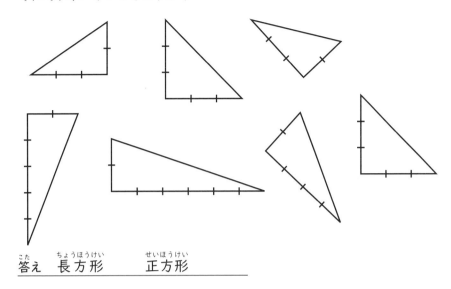

答え　長方形　　　　正方形

⑥ 下のブロックを使って、正方形をつくりなさい。いくつできますか？

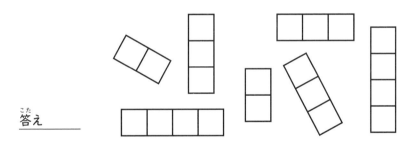

答え

⑦ 下のブロックを使って、正方形をつくってみましょう。

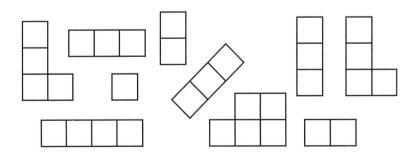

49

③ □を使った式

動画を
チェック!

箱から
1ぴきにげ出して
5ひきいるよ

$$□ - 1 = 5$$

わからない
ものを
□にしたよ

イコールマンに
聞いてみよう!

$$□ - 1 + 1 = 5 + 1$$

$$□ = 6$$

左右に
へびを1ぴき
入れてみよう

箱の中にいたへびが、1ぴきにげちゃった。じゃあ、今、箱の中にいるへびが何びきか、数えるよ。1、2、3、4、5ひきだね。

箱の中にへびが何びきいたのかな？　□ーにげてしまったへび1ぴき＝今いるへび5ひき。これを□を使った式で表すと、□－1=5になるよ。

ここで、□が出てきました。□っていうのは、何かわからないもの。今のお話だと、箱の中に入っていたへびの数が□になるんだね。あ、＝がでてきたら…はい！　イコールマンです。

にげ出した1ぴきのへびが、箱の中に入れば数が合うよね。左がわにへびを1ぴき入れてみよう。でも左だけだと、イコールマンはおこ～るだね。だから同じように、イコールの右がわにもへびを1ぴきたすんだ。

□を使った式で表すと、□－1+1=5＋1。だから、□=6。これで、箱の中にいたへびの数は6ぴきということがわかりました。こうやって、わからないことは□を使って表すんだよ。

それでは、スペシャル問題！
10こあったプチトマトを、よしおが何こか食べてしまいました。すると、のこりは5こになりました。これを□を使った式で表せるかな？

わからないところを□にするんだ。10こあったうちの□こを食べた。だから、10－□＝5。ここで、□を知るために、イコールマンのひっさつわざ！　イコールマンチェック！　□に、どんどん数字を入れてたしかめてみよう。

まず、1を□の中に入れるとどうなるかな。10－1＝5？　10－1は9だよね。これはおこ～るだ。じゃあ、2はどうかな。10－2＝5？　10－2は8だから、これもおこ～るだ。

よしおはもっと食べた気がするよ。7こくらいかな。10－7＝5？　10－7は3。これもおこ～るだ。じゃあちょっとへらして6こ。10－4＝5？　10－6は4。ちがうなあ。

うーん、じゃあ5こかな？　10－5＝5？　10－5は5。これはイコールだ！

ということで、この□に入るのは5だ。こうやって、□に数をどんどん入れていくイコールマンチェックっていうわざもあることを、おぼえてくれよな！

スペシャル問題！

プチトマト
10こ

むがむちゅうで何こか食べたらのこりが5こでした

□を使った式にしてみよう

10 - □ = 5

イコールマンチェック！

□の中に数字を入れてみよう

10 - 1 = 5

10 - 2 = 5

10 - 7 = 5

10 - 6 = 5

10 - 5 = 5

左　右

3年生 □を使った式

■□を使った式を理かいしよう!

わからないものを□におきかえて、式をつくってみましょう。

① よしおの家に、友だちの「かもめんたる」からあずかったヘビが、何びきかいました。さらに、ヘビ5ひきをあずかりました。全部で、12ひきになりました。

答え _____

② 次の日、「かもめんたる」の2人が、やきいもを何本か持って遊びにきてくれました。3人で、3本ずつ食べたら、のこりは5本でした。

答え _____

③ よしおは、自転車で友だちの家まで、時速20kmの速さで行きました。何時間か走ると、友だちの家に着きました。よしおの家から、友だちの家までのきょりは40kmです。

答え _____

④ よしおは、たくさんのみかんを友だちの家に持っていきました。家族5人で分けると、1人6こずつでした。よしおが持ってきたみかんの数はいくつでしたか。

答え _____

□の式のとき方を学びましょう。

■＝▲ならば … ■＋○ ＝ ▲＋○

■－△ ＝ ▲－△

■×◎ ＝ ▲×◎

■÷◆ ＝ ▲÷◆

イコールは、両辺に同じものをたしても、引いても、かけても、わっても、おこ〜るにならないんだ！ 式にすると、こうだ！

□を使った式にチャレンジしよう!

下の見本の式のように□をもとめる計算をして、（　）の中をうめなさい。

【見本】　$\square + 2 = 3$
　　　　　$\square + 2 - 2 = 3 - 2$
　　　　　$\square = 1$

① $\square + 6 = 8$
　 $\square + 6 (\quad) = 8 (\quad)$
　 $\square = (\quad)$

② $\square - 9 = 11$
　 $\square - 9 (\quad) = 11 (\quad)$
　 $\square = (\quad)$

③ $9 - \square = 6$
　 $9 - \square (\quad) = 6 (\quad)$
　　　　　 $9 = 6 (\quad)$
　　　　 $\square = (\quad)$

④ $7 - \square = 3$
　 $7 - \square (\quad) = 3 (\quad)$
　　　　　 $7 = 3 (\quad)$
　　　　 $\square = (\quad)$

⑤ $\square \times 5 = 20$
　 $\square \times 5 (\quad) = 20 (\quad)$
　 $\square = (\quad)$

⑥ $7 \times \square = 21$
　 $7 (\quad) \times \square = 21 (\quad)$
　　　　　 $\square = (\quad)$

⑦ $\square \div 9 = 4$
　 $\square \div 9 (\quad) = 4 (\quad)$
　 $\square = (\quad)$

⑧ $64 \div \square = 8$
　　 $\square = (\quad)$

③ 時こくと時間

時こくと時間のちがいを、勉強するよ。まずは、下にある時計を見てね。9時10分だね。これは時こく。

時計には2つのものさしがあるよね。何時かを教えてくれるものさしを「時～ちゃん」、何分かを教えてくれるものさしを「分くん」とよぶよ。

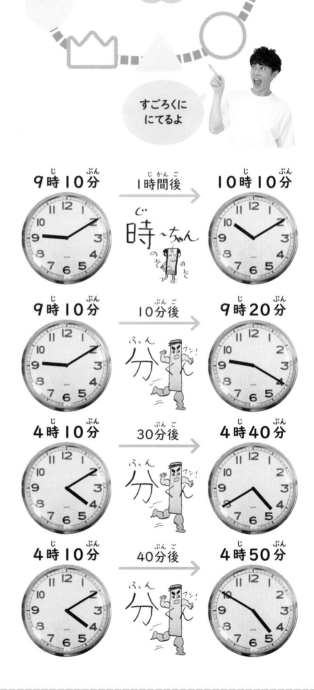

スタート

ゴール

すごろくに
にてるよ

まず、1時間後。9時のところにいる時～ちゃんを今いる場所から1動かす。1進めよう。

9時10分 → 1時間後 → 10時10分

時～ちゃん
のそくのそく

次は、分くん。9時10分の10分後はどうかな。分くんをここから、10進める。この進んだ分が、時間なんだ。

9時10分 → 10分後 → 9時20分

分くん

次の時計は、4時10分だね。これは時こく。4時10分から、30分間遊んでいいよっていわれました。分くんを30動かせばいいんだね。進んだ分が時間だよ。

4時10分 → 30分後 → 4時40分

分くん

では、4時10分から、40分間勉強してください。分くんを、どれくらい動かすのかな？ 40だね。動かした、40分間っていうのが時間です。

4時10分 → 40分後 → 4時50分

分くん

時計の読み方をふく習しておこう。時〜ちゃんは、身長がひくくてゆっくり歩く。分くんは、身長が高くて、走るのが速い。

ここで、2人の関係を発表します！時計を見てね。12時に「よーいどん！」で、時〜ちゃんと分くんが、同時に走ります。分くんが1周したら、時〜ちゃんが1のところまで行った。分くんは、もう1周！

分くんは2周したよ。時〜ちゃんは、2のところにいるね。じつは、時〜ちゃんは、分くんが何周しているかを、数えてくれているの。1人で走っていると、わからなくなっちゃうからね。そういう関係だったんだね。

では、スペシャル問題！ 6時50分の時計を見てね。この20分後は、何時何分でしょうか。

すごろくみたいに、20進めるよ。とちゅうで分くんが、12のところを通りすぎた。さっきは6時だったから、次は7時だね。20進めると、7時10分になるよ。

次の問題。7時10分の20分前は何時でしょう。分くんを20もどしていくよ。12を通りすぎたから、6時にもどる。20もどすと、6時50分ということになります。

時計の読み方ふく習

時〜ちゃん
身長がひくくて
ゆっくり歩く

分くん
身長が高くて
走るのが速い

時〜ちゃんと
分くんの
関係は？

分くんが1周したら
時〜ちゃんは「1」に、
分くんが2周したら
時〜ちゃんは「2」に来る。

時〜ちゃんは
分くんが
何周しているか
教えているよ

スペシャル問題！

6時50分		7時10分

20分後 →
← 20分前

時計がさしているのが
時こく
動いた分が
時間

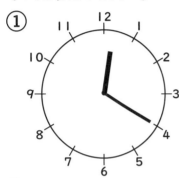

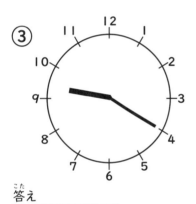

③ 年生 練習問題 時こくと時間

■時計の読み方を練習しよう!

時こくを答えてください。

① 答え ＿＿＿＿＿＿＿＿

② 答え ＿＿＿＿＿＿＿＿

③ 答え ＿＿＿＿＿＿＿＿

④ 答え ＿＿＿＿＿＿＿＿

■時計のはりをかいて理かいしよう!

① 次の時こくになるように、時計のはりをかいてください。
短いはりと長いはりの長さに注意してかきましょう。

❶ 3時30分　　❷ 8時55分　　❸ 7時45分　　❹ 11時59分

② 次の時こくを赤えんぴつでかいてください。

❶ 12時40分の4時間後は何時何分？

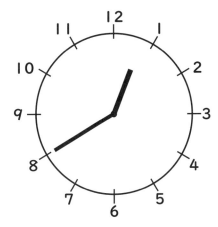

❷ 5時5分の7時間30分後は何時何分？

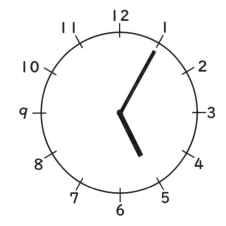

❸ 7時15分の4時間前は何時何分？

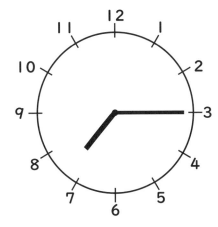

❹ 10時35分の7時間30分前は何時何分？

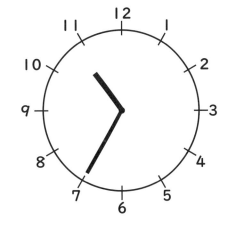

❺ 3時50分の13時間後は何時何分？

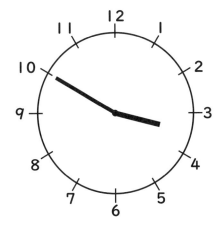

❻ 9時30分の17時間20分後は何時何分？

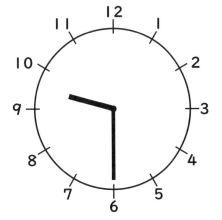

動画をチェック!

角っていうのは、線と線の間の部分のこと。でもね、いろんな角があるのに、みんないっしょになっちゃうとこまるよね。だから、角の度合いのことを、「角度」っていうんだ。

そこで、角度をはかるのが分度器。まず、分度器の使い方を教えるよ。分度器って、かまぼこみたいだよね。かまぼこの真ん中と、よしおの足と足の間の部分を重ねるよ。分度器には、0から180まで数字のめもりがあるから、その数字を読んであげるだけ。かんたんだね。

角度をはかるときは、分度器の真ん中を角にちゃんと合わせよう。真ん中がずれちゃうと、ちがう角度が出てきちゃうからね。

角度を表すときは、数字の右上に小さな丸をつけるんだ。次のページの一番上が45°。これで、45度って読めちゃいます。べんりだね。その次は60°だね。

ちなみに、線と線の間にある線は、ここが角度ですよっていうのを表すものなんだ。

分度器を買ったんだ

線と線の間を角っていうよ

角の度合いを角度っていうよ

これが「度」

\90°〜!/

角度を表す

ちがう角をはかってみよう。今度は90°でした。90°っていうのはじつはとくべつなんだ。だから、名前がつきました。「直角」っていうんだ。ぜんぜんちがう名前だね!

「直角」っていうのはとても大事だから、線と線の間を表す線も、とくべつに四角にするんだよ。線と線があって間に、四角いマークがあったら、「直角」ってことだからね。

いろんな
角度を
はかろう

よしおの足の角度を
はかってみよう!

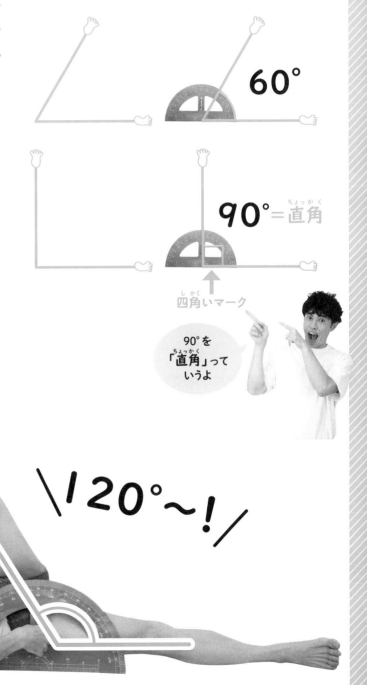

45°

60°

90°=直角

↑
四角いマーク

90°を
「直角」って
いうよ

\\120°〜!/

4年生 角とその大きさ

2種類の三角じょうぎの角度をおぼえましょう。

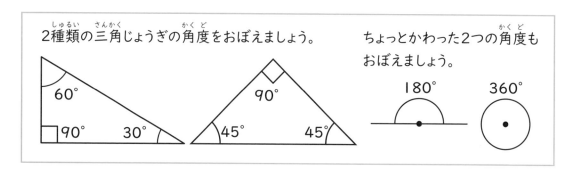

ちょっとかわった2つの角度もおぼえましょう。

角度のもとめ方を練習しよう!

① 次の❶〜❹の角度をもとめなさい。

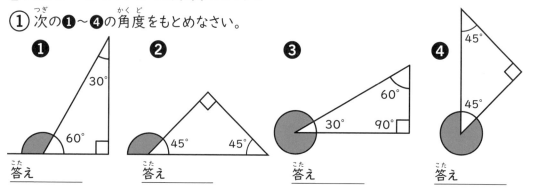

❶
答え ＿＿＿＿＿

❷
答え ＿＿＿＿＿

❸
答え ＿＿＿＿＿

❹
答え ＿＿＿＿＿

② 2種類の三角じょうぎを使った、次の❶〜❻の角度をもとめなさい。

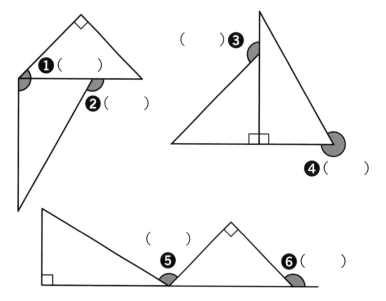

❶（　　）
❷（　　）
（　　）❸
❹（　　）
（　　）❺
❻（　　）

③ 次の❶〜❻の角度をもとめなさい。

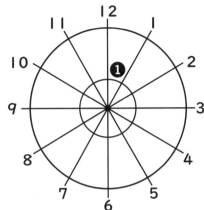

答え ____

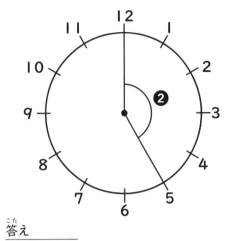

答え ____

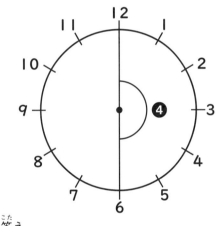

答え ____

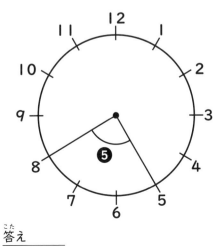

答え ____

答え ____

答え ____

いろんな四角形

動画をチェック!

四角形というのは、4つ角がある形。丸の中の子たちは、みんな四角形です。この四角形をグループ分けしたいと思います。

まず、1組の辺が平行な四角形はどれかな？　平行というのは、向かい合う線と線が交わらないこと。では、1組の辺が平行な四角形に手をあげてもらいましょう。全員手があがりました！　みんな同じグループだね。このグループを台形といいます。

では、2組の辺が平行な四角形はどれかな？　手をあげてもらいましょう。ひとりだけ、手があがっていないね。ということは、手をあげた4人は同じグループ。このグループは平行四辺形だよ。

次は、4つの角全部が直角の四角形は？　直角というのは、90°のことだよ。どれだと思う？　手をあげていたのは2人でした。このグループを長方形というよ。

つづいて、4つの辺全部が同じ長さの四角形は？　2人だけだね。このグループをひし形といいます。ちなみにひし形は、英語ではダイヤモンドというんだ。

四角形

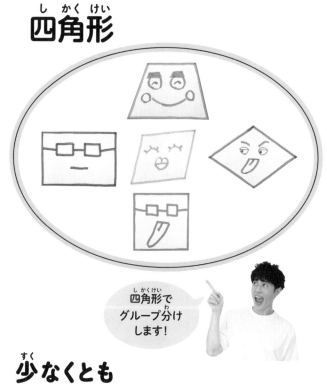

四角形でグループ分けします！

少なくとも
1組が平行な四角形は？

台形

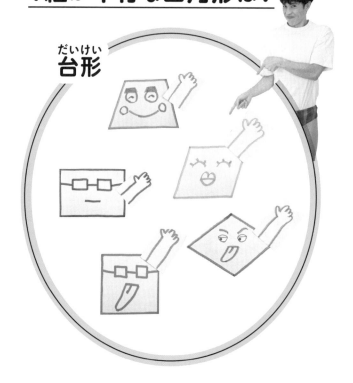

あれ？　ずっと手をあげている子がいるね。それは、正方形。正方形っていうのは、ひし形でもあるし、長方形でもあるし、平行四辺形でもあるし、台形でもあるんだ。

ここで名前のおぼえ方を教えよう。正方形の「正」の字は、ただしいと読むね。だから、ただしくん。長方形は、ちょうさん。ひし形は、ひっしー。平行四辺形は、へーこちゃん。台形は、むろさん。台っていう漢字はカタカナだと、ムロって読めるよね。

2組が平行な四角形は？

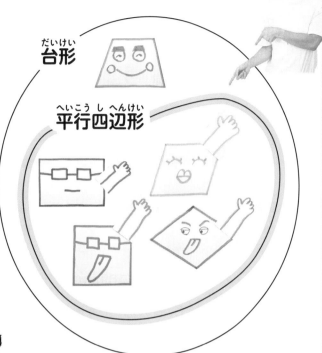

4つの角が
直角な四角形は？

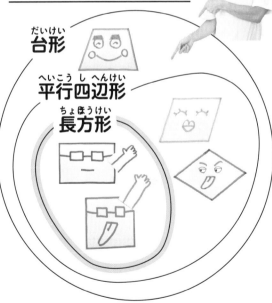

ずっと手を
あげている子は
正方形

4つの辺の長さが
同じ四角形は？

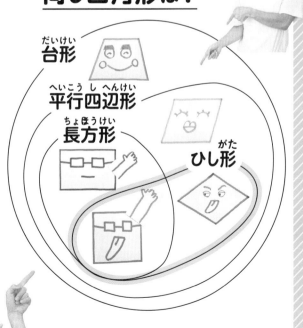

いろんな四角形

■四角形のとくちょうを理かいしよう！

問題をとく前に、少しふく習をしましょう。これをおぼえてくださいね。

台形：向かい合う1組の辺が平行な四角形
平行四辺形：向かい合う2組の辺が平行な四角形
長方形：すべての角が直角な四角形
正方形：すべての角が直角で、すべての辺の長さが等しい四角形
ひし形：すべての辺の長さが等しい四角形

（　　　　）の中に当てはまる四角形を、下の中からすべてえらびなさい。

台形、平行四辺形、長方形、正方形、ひし形

① すべての角が直角な四角形　（　　　　　　　　　）
② 向かい合う平行な辺が1組だけある四角形　（　　　　）
③ すべての辺の長さが等しい四角形　（　　　　　　　）
④ 向かい合う2組の辺が平行な四角形　（　　　　　　　　　　　　）

■図を見て長さや角度をもとめよう！

① （　　　）の中に当てはまる数字を答えましょう。

【正方形】

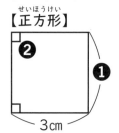

❶ の長さは？（　　　）
❷ の角度は？（　　　）

3cm

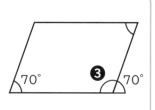

70°　❸　70°

❸のヒント
❸のとなりの角度は70°。直線の角度180°から、70°を引いた角度が、❸の答え。つまり、となりどうしの角をたすとかならず180°になります！

② （　　　）の中に当てはまる数字を答えましょう。

【平行四辺形】

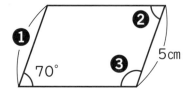

❶　❷
70°　❸　5cm

❶ の長さは？（　　　）
❷ の角度は？（　　　）
❸ の角度は？（　　　）

③ （　　）の中に当てはまる言葉と、数字を答えましょう。

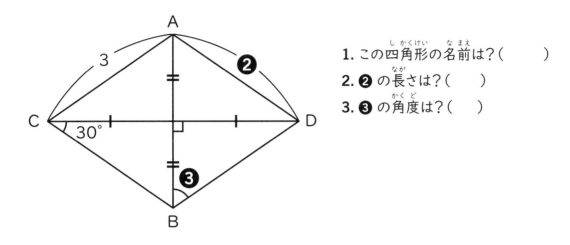

1. この四角形の名前は？（　　　）
2. ❷の長さは？（　　　）
3. ❸の角度は？（　　　）

■図を見て考えよう！
この図の中に、平行四辺形、台形、ひし形をさがしてみよう！

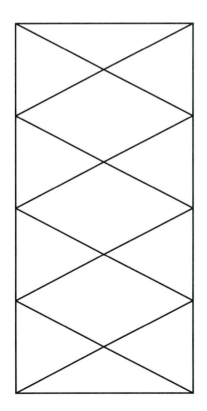

わり算のひっ算

動画をチェック!

なんでもわるお、わるおが教えるぞ! よしおのかせいだお金46円を、よしいちろうと、よしさぶろうの2人に分けたい。そういうときはわり算を使うんだ。

数字が大きいときは、こまっちゃうよな。そこで、出てくるのがひっ算。ひっ算を表す記号は、わるおのリーゼントといっしょなんだぜ! ヨロシク!

ひっ算は、お金で考えるとわかりやすいぞ。まずは大きいほうのお金だ。10円玉が4まいあると、1人当たり何まいかな? 4まいを2人で分けるなら、1人当たり10円玉が2まいだよな。

リーゼントみたいな記号の上には、1人当たりの数字を書くんだ。2だな。下には実さいに分けた数字を書く。40だ。これはもう分けましたってこと。そうすると、46−40でのこりは6円だな。次はこの6円を2人で分ければいいんだ。6÷2ってことだから、1人当たり3円ってことになる。上に3と書く。分け終わった6を下に書いて、あとは0。ということは、46÷2は23で、わり切れたってことになるんだ。わかってくれたかな?

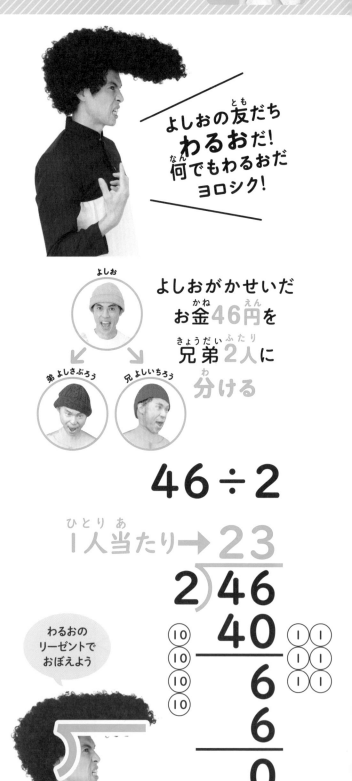

よしおの友だち**わるお**だ! 何でもわるおだ ヨロシク!

よしお

弟 よしさぶろう　兄 よしいちろう

よしおがかせいだ お金46円を 兄弟2人に 分ける

$$46 \div 2$$

1人当たり → 23

わるおのリーゼントでおぼえよう

46円をよしおもいっしょに3人で分けたいって？ じゃあ、46÷3だな。10円玉が4まい。これを3人で分けると1まいずつ。上に1を書く。実さいに分けたのは30円だな。そうすると、46−30で、まだ分けていないお金が16円。16円を両がえすると、1円玉が16まい。3人で分けると、1人当たり5円だよな。分けたお金は15円だから、のこっているのは1円。つまり、46÷3は15あまり1。わり切れないことも世の中にはあるからな！

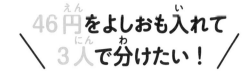

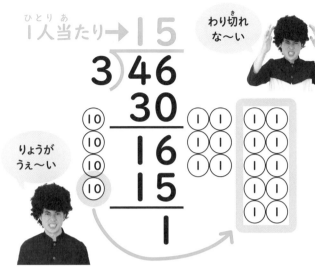

46円をよしおも入れて3人で分けたい！

1人当たり→15

わり切れな〜い

$$3)\overline{46}$$
30
16
15
1

りょうがうぇ〜い

え？ よしおのちょ金4649円を、沖縄のお母さんも入れて4人で分けたいって？ じゃあ、4000円のところを考えてみよう。4000円は千円さつが4まい。4人で分けると1人当たり1まいだ。そうすると、のこりは649円。次は600円のところを考える。100円玉が6まいだ。6まいを4人で分けると、1人1まい。400円を分けたから、のこりは249円。

240円は、両がえして考えるんだ。10円玉が24まいだな。24を4人で分けると、24÷4で6。これで、240円をみんなで分けたってこと。のこりは、9円。もう少し！ 9円を4人でわると、ひとり2円。分けたお金は8円。のこったのが1円。まとめると、4649÷4は1162あまり1っていうことになるぜ。ヨロシク！

沖縄のお母さんも入れて4人で今までのよしおのちょ金を全部分けたい

1人当たり→1162

$$4)\overline{4649}$$
4000
649
400
249
240
9
8
1

オレの大すきなヨロシクじゃね〜か

200円をりょうがうぇ〜い

わり切れな〜い

おっぱっぴー式ひっ算は、学校やじゅくで教えてもらうものと、少しだけちがうかもしれません。
でも、わかりやすくて算数らしいとき方なので、ぜひ、おぼえましょう!

■わり切れる、わり算のひっ算にチャレンジ!

① 5)315　　② 2)284　　③ 3)450　　④ 5)185

⑤ 15)375　　⑥ 12)144　　⑦ 11)286　　⑧ 13)169

■あまりが出る、わり算のひっ算にチャレンジ!

① 5)366　　② 8)402　　③ 2)247　　④ 6)350

⑤ 13)462　　⑥ 25)702　　⑦ 17)894　　⑧ 12)1035

◼ 小数のわり算にチャレンジ！

小数のわり算をする前に、わる数とわられる数の関係について、理かいしましょう。この3つのわり算は、すべて答えが100になります。

$10 \div 0.1 = 100$

$100 \div 1 = 100$

$1000 \div 10 = 100$

÷の両がわに、同じ数をかけたり、わったりしても、答えは同じになります。
じつは上の式は、さいしょの式に10と100（10×10）をかけているだけなのです。

$10 \div 0.1 = (10 \times 10) \div (0.1 \times 10) = (10 \times 100) \div (0.1 \times 100)$

このせいしつを使って、小数のわり算の問題にトライしてみましょう。

① $0.2 \overline{)8}$　　　　② $0.4 \overline{)2}$

③ $0.05 \overline{)3}$　　　　④ $0.02 \overline{)5}$

ここから先は、小数のまま、計算してみましょう。

⑤ $2 \overline{)0.8}$　⑥ $5 \overline{)0.25}$　⑦ $5 \overline{)0.7}$

⑧ $7 \overline{)0.56}$

5年生 小数
しょう すう

小数は、数を小さく切るから、「小数」っていうんだ。小数の小の字は、少とまちがえやすいから注意してね。少ないじゃなくて、小さいのほうだよ！　でも、数を小さく切るってどういうことだろう。ごぼうを切ってせつ明してみるよ。

1本のごぼうを10こに切ったよ。そのうちの1こが0.1。これが小数だよ。0.1の、0と1の間にある点を「小数点」といいます。小数を表すときに使う点だよ。

1本を10こに切ったうちの3こ。これを小数でいうと何本かな？　0.1本が3こだから、0.3本だね。じゃあ、10本のうちの5本は？　0.5本だ。わかってきたね。

数を小さく切ったら
小数　少数じゃないよ

ごぼうを切ってみるね！

1本のごぼうを10こに切ったよ

10こに切ったうちの1こが
0.1
↑
小数点

10こに切ったうちの5こが
0.5
↑
小数点

ここで、ステップアップ問題だ！
10こに切ったごぼうのうちの7こ。そして、もう1本ごぼうがあります。これは、小数でいうと何本でしょうか？

まず、ごぼうが1本。10こに切ったうちの7こは、0.7本だね。だから合わせて、1.7本になるんだ。

もう1問！　ごぼうが2本と、10こに切ったうちの4こがあります。これは小数でいうと何本でしょうか。2本と0.4本を合わせて2.4本だね！

ピクピク
ピクチャ〜！

これは小数でいうと何本でしょうか？

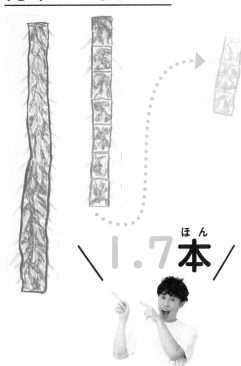

＼1.7本／

これは小数でいうと何本でしょうか？

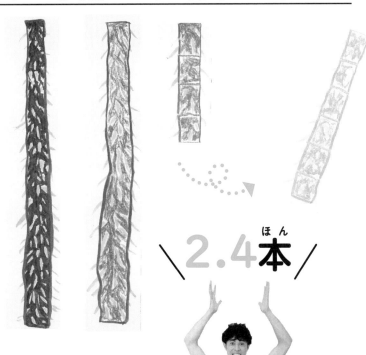

＼2.4本／

71

小数

小数を理かいしよう！

① 次のごぼう1本を、だいたい0.7本だと思うところで切ってみましょう。

② □の中に、数字を入れてください。

```
0          1          2          3
```

小数を単位から知ろう！

① 0.7mとは、何cmですか？　　　答え　　　　cm

② 80cmは、何mですか？　　　答え　　　　m

③ 1.7kmは、何mですか？　　　答え　　　　m

④ 500gは、何kgですか？　　　答え　　　　kg

⑤ 2.5時間とは、何分ですか？

答え　　　　分

⑥ 1.5日とは、何時間ですか？

答え　　　　時間

⑦ ビルの1かい分の高さは、およそ3.5mです。
では、ビル3かい分の高さは、何mですか？

答え　　　　　　m

文しょう問題にチャレンジしよう!

① りく上100m走の世界記ろくは、ジャマイカのウサイン・ボルトせん手が出した9.58秒。それに対し、小学6年生男子の日本記ろくは、11.72秒です。では、世界記ろくと小学生の日本記ろくとの差は何秒ですか?

答え　　　　　秒

② 食べ放題に行きました。大人1人のりょう金は、2000円です。中学生は、大人の0.5人分のりょう金、小学生は、大人の0.3人分のりょう金です。では、中学生と小学生のりょう金は、いくらですか?

答え　中学生のりょう金　　　　　円　　小学生のりょう金　　　　　円

③ よしおは、毎日、ランニングをしています。月曜日は、3.2km、火曜日は、10.5km、水曜日は、3.7km、木曜日は、4.24km、金曜日は、8.63km走りました。5日間で、合計何km走りましたか?

答え　　　　　km

小数の計算をしよう!

次の□に当てはまる数字を答えましょう。

① 8.6とは、8と□をたした数です。　　答え　　　　　

② 5.3とは、2.1と□をたした数です。

答え　　　　　

③ 1.2とは、0.2が、□こ集まった数です。

答え　　　　　

④ 2.4とは、0.3が、□こ集まった数です。

答え　　　　　

⑤ 1.253+2.47+12.3=□　　答え　　　　　

⑥ 0.89×10=□　　答え　　　　　

⑦ 0.44×100=□　　答え　　　　　

⑧ 0.032×1000=□　　答え

5年生

体積

動画をチェック!

体積っていうのは、パン全部のこと。
面積っていうのは、パンの上の部分（表面）のことだね。

まず、面積のもとめ方を教えるよ。面積は、タテ×ヨコでもとめられます。単位は、平方センチメートル。センチの右上に、2をつけるんだ。これ、とっても重要ですよ。

体積は、タテ×ヨコ×何だと思う？じつは、高さなんです。単位は、立方センチメートルというよ。センチメートルの右上に3をつけるんだ。

面積の単位には平ら、体積の単位には立つっていう字が入るんだね。

面積のときは、タテとヨコの2つをかけるので、cmの右上に2。体積のときは、タテとヨコと高さの3つをかける。だから、cmの右上に3をつけるんだ。

上だけなら面積だね

タテ

ヨコ

高さ

パンも立ってるから立方とおぼえよう

面積のもとめ方

$$タテ×ヨコ＝○cm^2$$

平方センチメートル

体積のもとめ方

$$タテ×ヨコ×高さ＝○cm^3$$

立方センチメートル

では、ここでスペシャル問題！
このパンの面積と体積をもとめよう。

パンのタテの長さは8cm、ヨコの長さは8cmです。もうわかるよね。8×8＝64。数字のあとに、平方センチメートルの単位を書こうね。

次は体積だ。タテは8cm、ヨコは8cm、高さは10cmです。さあ、もとめてください。答えは8×8×10＝640。単位は何かな？　立方センチメートルだね。cmの右上に3だよ！

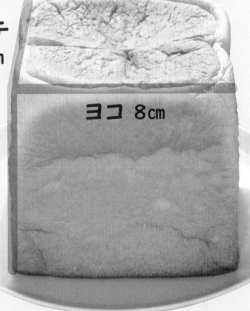

スペシャル問題！
このパンの面積と体積をもとめてください

タテ
8cm

ヨコ 8cm

高さ
10cm

パンの
面積と体積
わかるかな

面積は…

$$タテ×ヨコ＝○cm^2$$
$$8×8＝64cm^2$$

りっぽう
ぽうぽう〜！

体積は…

$$タテ×ヨコ×高さ＝○cm^3$$
$$8×8×10＝640cm^3$$

ディメンション
みなさんは、「3D」という言葉を聞いたことがあると思います。「D」とは、dimension（次元）のりゃくです。算数で1次元は「線」、2次元は「面積」、3次元は「体積」です。基本となる四角形で考えてみましょう。面積は、タテ×ヨコの2つをかけるので2次元。体積は、タテ×ヨコ×高さと3つをかけるので、3次元とおぼえてください。

1次元（線）　　　　2次元（面積）　　　　3次元（体積）

タテ

ヨコ

高さ

タテ

ヨコ

① 次の（　　　）の中に、面積もしくは体積を入れましょう。単位はcmです。

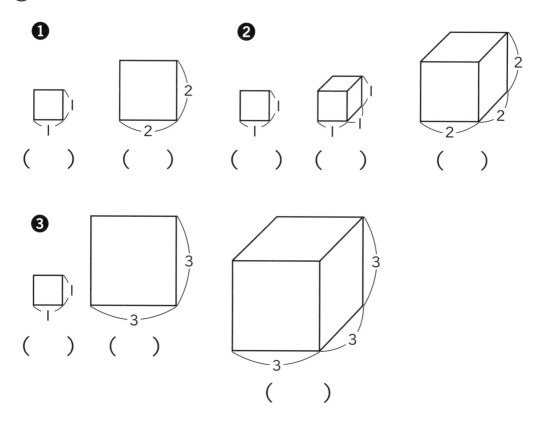

❶

1

（　　　）

2

2

（　　　）

❷

1

（　　　）

1

1

1

（　　　）

2

2

2

（　　　）

❸

1

（　　　）

3

3

（　　　）

3

3

3

3

（　　　）

② 次の体積をもとめなさい。1マスのタテ、ヨコ、高さは1cmです。

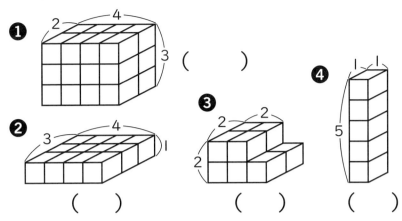

❶ ( )

❷ ( )

❸ ( )

❹ ( )

③ よしおは、さかなクンから金魚をもらいました。金魚を入れる水そうに、線の部分まで水を入れるにはどれくらいの水があればいいでしょうか？　水そうのヨコの長さは30cm、タテの長さは10cm、線までの高さは20cmです。体積の単位で答えなさい。

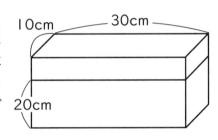

答え＿＿＿＿＿＿＿＿＿＿＿

④ ③で答えた体積は何Lですか？

答え＿＿＿＿＿＿＿＿＿＿＿

⑤ 8ひきの金魚を入れたら、線よりも1cm、水の量がふえました。
8ひきの金魚の体積をもとめなさい。

答え＿＿＿＿＿＿＿＿＿＿＿

約数とは、わり切ることができる数のことをいうんだ。わるといえば、わるおの登場だ！　わるお的にいうならけんかにならない数のことだ。つまり、同じ数で分けられるってことだ。

よしいちろう「チョコレートパーティをやりたいんだけど、けんかにならない数で分けたい。8ブロックのチョコレートを1こずつにわれないかな」

ってことは、8÷1ってことだな。1こずつだったら8人で分けられるから、けんかにならない。わり切れるってことだ。だから、8の約数は1ってことだ。

よしいちろう「1こだと、たりない。2こずつで分けたい」

そうか、じゃあ8÷2をすればいいんだな。うおりゃ！　わり切れた！　ほら2こずつだ。これはけんかにならないな。だから、2は8の約数ってことだ。

よしいちろう「やっぱり、3こずつで分けたいな」

じゃあ、8÷3だな。わってみると、3こと3こと2こ。わり切れない〜！　ということは、3は約数じゃないな。

約数とは
わり切ることができる数

↓

けんかにならない
同じ数でわり切れる

兄 よしいちろう

チョコレートパーティをやりたいんだけどけんかにならないように1ブロックずつわって！

この8ブロックのチョコレートをわってやるぜ！

8 ÷ 1

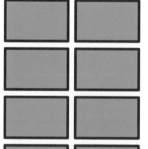

よしいちろう「4こずつに分けられないかな」

8÷4だな？　わり切れた！　4こずつだ。これはけんかにならないな。だから、4は8の約数だ。

よしいちろう「もっとほしい！　5こずつで分けたい」

しょうがないな。8÷5でわるぞ！　わり切れない。5こと3こ。これはけんかになっちゃうよ。だから5は8の約数じゃない。これだったら、6こも、7こも、8こも、けんかになっちゃうんじゃないか？　ちょっと待って！　8こなら、全部1人で食べられるんじゃない？だったらけんかにならないね。ってことは、8も8の約数だ。

つまり、8の約数は、1、2、4、8ってことだ。8はなかなか気づかないかもしれないな。8は1人で食べるってことだけど、いいのかな…。でも、ひとりだとけんかにはならないから、約数ってことになるよね。

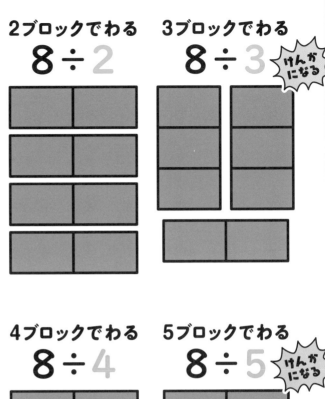

2ブロックでわる
8 ÷ 2

3ブロックでわる
8 ÷ 3

けんかになる

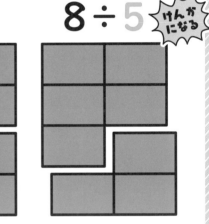

4ブロックでわる
8 ÷ 4

5ブロックでわる
8 ÷ 5

けんかになる

8の約数は
1と2と4と8
だな！

8ブロックでわる
8 ÷ 8

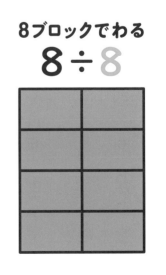

5年生 約数

約数のもとめ方を目で理かいしよう!

次の表を使って、数の約数をもとめなさい。

【例】 15の約数をもとめなさい。

1	15
2	—
3	5
4	—
5	3

まず1を入れてみる。1×15だから、当然、わり切れる。

次に2。わり切れないから×。3は、3×5でわり切れる。

4はわり切れないから×。5は、5×3は、3×5と同じなので、わり切れる。左の表の○のように同じ数字が出たら終わり。

答え　1、3、5、15

① 8の約数は?

1	
2	
3	
4	

答え

② 20の約数は?

1	
2	
3	
4	
5	

答え

③ 24の約数は?

1	
2	
3	
4	
5	
6	

答え

④ 35の約数は?

1	
2	
3	
4	
5	
6	
7	

答え

⑤ 52の約数は?

1	
2	
3	
4	
5	
6	
7	
8	
9	
10	
11	
12	
13	

答え

⑥ 96の約数は?

1	
2	
3	
4	
5	
6	
7	
8	
9	
10	
11	
12	

答え

文しょう問題にチャレンジしよう!

① よしおとよしさぶろうは、農家のお手つだいをしました。今日は、きゅうりが48本とれました。48本を何本ずつかに分けて、パックにつめなくてはいけません。
よしさぶろう「1本ものこさずにつめるには、1パック何本ずつに分ければいいのかな?」
よしお「こんなときこそ、約数を使えばいいんだよ!」

1	
2	
3	
4	
5	
6	
7	
8	

答え＿＿＿＿＿＿＿＿＿＿＿＿＿＿＿＿＿＿＿＿
のいずれかで分けられる

② 農家のおじさんが、「今日は、ありがとう。お礼にナスをあげるよ」と、ナスを36本くれました。
よしさぶろう「みんなで分けたいね。平等に分けるなら、何人に分けられるかな?」
よしお「また約数の出番だ!」

1	
2	
3	
4	
5	
6	
7	
8	
9	

答え＿＿＿＿＿＿＿＿＿＿＿＿＿＿＿＿＿＿＿＿
のいずれかで分けられる

③ よしいちろうが、いちごがりから帰ってきました。
よしいちろう「いちごをたくさんとってきたよ。全部で187こ!」
よしお「これも平等に分けるなら、何人に分けられるかな?」

1	
2	
3	
4	
5	
6	
7	
8	
9	
10	
11	
12	
13	
14	
15	
16	
17	

答え＿＿＿＿＿＿＿＿＿＿＿＿＿＿＿＿＿＿＿＿
のいずれかで分けられる

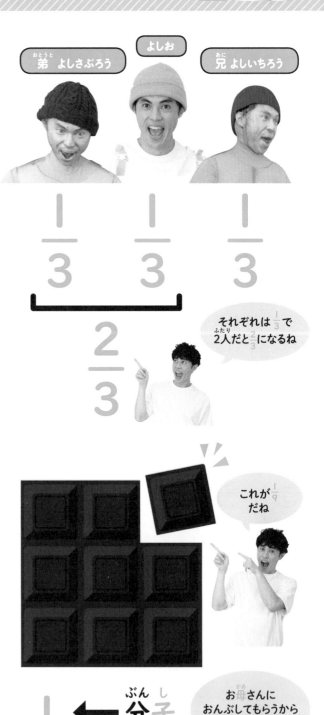

今日はよしおの3兄弟で勉強するぞ。よしおは、3兄弟のうちの1人。これは $\frac{1}{3}$ って、表すよね。よしいちろうも $\frac{1}{3}$、よしさぶろうも $\frac{1}{3}$。じゃあ、よしさぶろうとよしおだと何分の何になるかな？ 3人兄弟のうちの2人だから、$\frac{2}{3}$ だね。

弟 よしさぶろう

よしお

兄 よしいちろう

それぞれは $\frac{1}{3}$ で2人だと $\frac{2}{3}$ になるね

よしいちろうとよしさぶろうがチョコレートを持ってきてくれたよ。何こに分かれてる？ 9こだね。じゃあ、この1こは何分の何になるかな？ 9こに分かれているうちの1こだから、$\frac{1}{9}$ だね。

これが $\frac{1}{9}$ だね

ここで問題！ $\frac{1}{9}$ の9と1は、どっちが分母でどっちが分子でしょうか？ヒントは母っていう字と、子どもっていう字だよ。

考え方のポイントはおんぶ。お母さんと子ども、どっちがおんぶをするかな？ おんぶしてもらうのはどっち？そう、お母さんにおんぶしてもらうね。だから、下にあるのが分母、上にあるのが分子っておぼえよう。
次は、この $\frac{1}{9}$ のチョコレートを3人が

お母さんにおんぶしてもらうから分母が下だよ

$\frac{1}{9}$ ← 分子

$\frac{1}{9}$ ← 分母

それぞれ食べた場合、式で表すとどうなるかを考えるよ。$\frac{1}{9} \times 3$。分数×整数になるね。あれ？　こまったな。この3を、1にかけるのか、9にかけるのかわかんないね。でも、安心して。3っていうのは、整数でもあるんだけど、分数でもあるんだ。

3は、$\frac{3}{1}$と考えることもできるんだ。そうすると、3は分子だね。だから、分子どうしでかけてあげればいいんだ。分子は1×3で3だね。分母は9×1で9だね。9分の3になる。そして、$\frac{3}{9}$は約分できるね。約分すると、$\frac{1}{3}$を食べたってことになるね。チョコレートを3兄弟で1こずつ食べると、3つに分けたうちの1つ、$\frac{1}{3}$ってことだね。

じゃあ、3兄弟が2こずつ食べた場合はどうなるかな？　式で表してみよう。

9こに分けたうちの1に（$\frac{1}{9}$）を、3兄弟が2こずつ食べる。整数は分数にもなるんだったね。そうすると、式は$\frac{1}{9} \times \frac{2}{1} \times \frac{3}{1}$になるね。こうすると、分母と分子がわかりやすいよ。分子は1×2×3。分母は9×1×1。だから、$\frac{6}{9}$ということになります。これも約分できるよね。$\frac{2}{3}$が答えだよ。

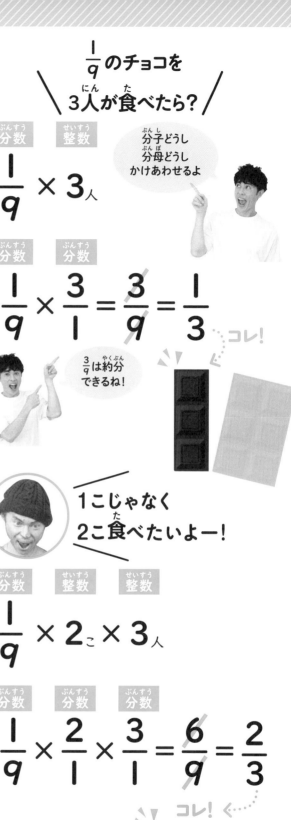

$\frac{1}{9}$のチョコを
3人が食べたら？

分数　整数

$$\frac{1}{9} \times 3_人$$

分子どうし
分母どうし
かけあわせるよ

分数　分数

$$\frac{1}{9} \times \frac{3}{1} = \frac{3}{9} = \frac{1}{3}$$

コレ！

$\frac{3}{9}$は約分できるね！

1こじゃなく
2こ食べたいよー！

分数　整数　整数

$$\frac{1}{9} \times 2_こ \times 3_人$$

分数　分数　分数

$$\frac{1}{9} \times \frac{2}{1} \times \frac{3}{1} = \frac{6}{9} = \frac{2}{3}$$

コレ！

$\frac{6}{9}$は約分できるね！

6年生 分数 × 整数

文しょう問題にチャレンジしよう！

① よしおは、ジャングルの中で、1週間のサバイバル生活をしようと考えました。まずは、食べもののじゅんびをします。1食で食べるひじょう用のパンの数は、1この $\frac{1}{3}$ です。1日3食、それを7日間つづけるとすると、何このパンがあればいいでしょうか？

答え _____

② 命を守るために大事な水も、じゅんびします。重いのでできるだけ少なく持って行きたいのですが、1日さいていでも2L入りのペットボトルの $\frac{2}{3}$ がいります。1週間用でペットボトルは、何本買えばいいでしょうか。

答え _____

③ サバイバル生活の様子をカメラでとります。1日にひつような電力は、電池の $\frac{5}{7}$ です。1日目は、カメラ本体にじゅう電しているので、2日目から電池がひつようになります。1週間で電池は、何本あればいいでしょうか？　ただし、カメラ本体のじゅう電は1日目に使い切るものとします。

答え _____

約分の練習をしよう！

分数の計算は、とにかく約分を先にやること。できるだけかんたんな数字にしてから、計算を始めよう。

① $\frac{2}{3} \times 6 =$

② $\dfrac{3}{12} \times 4 =$

③ $3\dfrac{3}{4} \times 4 =$

④ $\dfrac{43}{11} \times 121 =$

⑤ $\dfrac{105}{45} \times 50 =$

文しょう問題にチャレンジしよう!

① 久米島に帰ったよしおは、お母さんが乗っている車をあらってあげました。1本のせんざいの $\dfrac{3}{7}$ を使いました。すると、近所の人たちが集まってきて「ピカピカになったね。うちの車もたのむよ!」とひとりがいうと、「オレんちもあらってほしい!」「私の家も!」「こっちもね」「じゃ、こっちも」とたのんできました。今から、全部で5台の車をあらわなければなりません。お母さんの車をあらったのこりも使うとすると、せんざいはあと何本あればいいでしょうか?

答え＿＿＿＿＿＿＿＿

② よしおは、1台の車をあらうのに、$\dfrac{2}{3}$ 時間かかります。5台あらい終わるまでに、何時間何分かかるでしょうか? ただし、1台あらったら、20分間、休むことにします。

答え＿＿＿＿＿＿＿＿

線対称と点対称
せん たい しょう　　　てん たい しょう

動画をチェック!

線対称ってどういうことか。じつはここにあるんだ…よしおの顔だよ！真ん中に線をひいたときに、右と左に同じものがある。これが線対称。まゆげ、目、鼻のあな、耳もそうだね。

次は、線対称で遊んでみよう！ 紙とはさみを用意してね。自分で線対称をつくっちゃおう。紙を真ん中でおって切っていきます。おったところが真ん中の線になって、右と左は同じだね。よしおの海パンも線対称なんだ。

じゃあ、みんなつくってみて！ よしおがお題を出します。まずは、ちょうちょ。紙をおって、ちょうちょの半分の形を思い出して、おり目のほうから切ってみよう。紙をひらくと…線対称になってるね！

次のお題は木。紙を半分におって、木の半分の形を切ってね。これで線対称はだいぶわかってきたでしょ。

\ 線対称とは /
せん たい しょう

真ん中に線をひいたときに
右と左に同じものがある

まゆげや
鼻のあなも
左右同じ

ちょうちょ

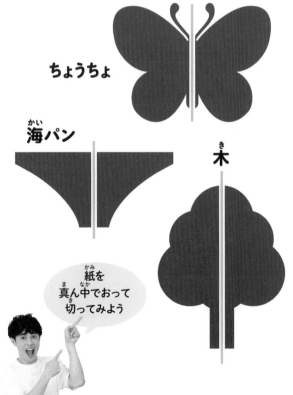

海パン

木

紙を
真ん中でおって
切ってみよう

\ 点対称とは /

真ん中に画びょうをさして
180度ひっくり返しても
同じ形になる

くるっと
回しても
同じ形!

上

下

下

下

つづいては、点対称。平行四辺形でせつ明するよ。平行四辺形の真ん中に画びょうをさします。画びょうをさして、180度ひっくり返す。あれ？ さいしょと同じ形だね。これが点対称。180度ひっくり返しても同じになるのが点対称だ。

次に、江戸時代にかかれたおじさんの絵を見てね。真ん中に画びょうをさして180度ひっくり返すと…また顔だね！ おもしろいね！

では、最終問題！ 右下のアルファベットの中には点対称のものがあります。考えてみよう。

わかったかな？ 答え合わせをするよ。まずはAから。真ん中に指をおいて、ひっくり返すと…ちがうね。B、C、D、Eもちがうねえ。Fはどうかな？ ぜんぜんちがう！ Gはもう、ぜったいちがうね！ もしかして、答えはないんじゃないの!? 最後のHは…ひっくり返しても同じだ！ ということで答えはHでした。

江戸時代のおじさんの絵

正かくには
点対称じゃ
ないけど
こんな感じ

どれが点対称かな？

A B C D E F G H
↓ ↓ ↓ ↓ ↓ ↓ ↓ ↓
∀ B C D E F G H

6年生 線対称と点対称

① あなたの身の回りで線対称なものをさがしてみましょう。

答え _____

_____

② あなたの身の回りで点対称なものをさがしてみましょう。

答え _____

_____

③ 線対称になるように、線を入れてください。何本でもよいです。
中には、線対称ではないものも入っています。線対称でないものは何番か答えなさい。

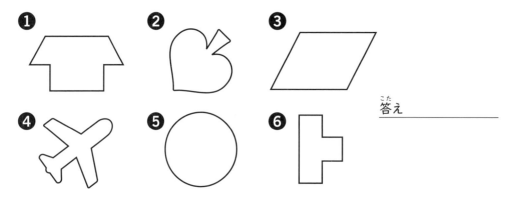

❶　❷　❸

答え _____

❹　❺　❻

④ 次の図のうち、点対称なのはどれですか？ すべて答えなさい。

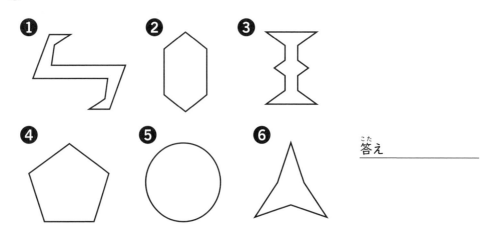

❶　❷　❸

❹　❺　❻

答え _____

⑤ 次の図に、線対称の半分を書きたしてください。

❶ ❷ ❸

❹ ❺

❻

⑥ 次の図に、点対称になるように書きたしてください。

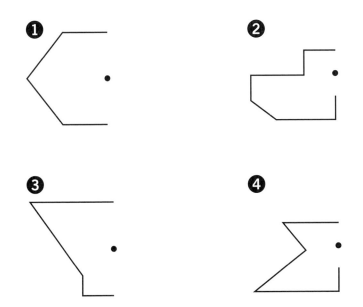

❶ ❷

❸ ❹

6 年生 比と比の値

今回は、日本の人口と、ほかの国の人口をくらべたいと思います。まず、日本とアメリカ。くらべるのにひつようなのが「：」。鼻くそじゃないよ。読み方は「たい」。日本：アメリカは、日本たいアメリカと読むよ。

まず、日本の人口は1億2千万人。つまり、1億ちょっとだ。アメリカは、3億3千万人だから、3億ちょっと。日本の人口を1マスとすると、アメリカの人口は3マス。日本の3倍だね。「：」を使って表すと、1：3。これを比っていうんだ。図にするとわかりやすいよ。

く〜らく〜ら
くらくら
くらべるぞ〜

地球

日本の人口とほかの国の人口をくらべてみよう！

たい

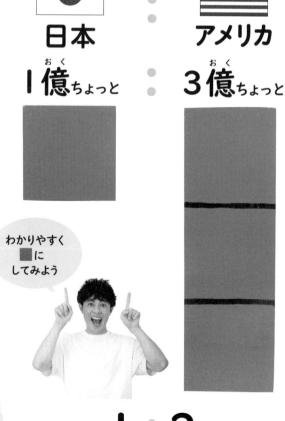

日本　：　アメリカ

1億ちょっと　：　3億ちょっと

わかりやすく■にしてみよう

1：3

次は、中国とくらべてみよう。正式な名前は、中華人民共和国。中国の人口は13億人。世界で一番多いんだ。この人口を10億ちょっと、とします。日本を1マスとすると、中国は10マス。比で表すと、1：10。ちなみに中国の次に人口が多い国は、インドだよ。

次は、韓国。韓国は日本のすぐおとなり。韓国の人口は、5千万人。日本を1マスとすると、韓国は半分。だから、比で表すと、1：0.5。1：0.5ってわかりづらいよね。そういうときは、小さいほう、0.5を1にするの。

そこで問題！　0.5を2倍して1にしたら、1だった日本はどうなる？
そう、2になるね。だから、2：1。

さいごに、スペシャル問題！　韓国：アメリカの人口は、何：何だろう？
0.5：3だから、0.5を1にするんだ。そうすると、1：6だね。比のイメージはつかんでもらえたかな？

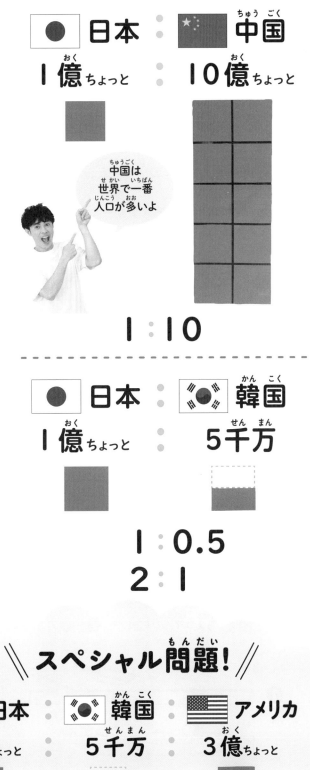

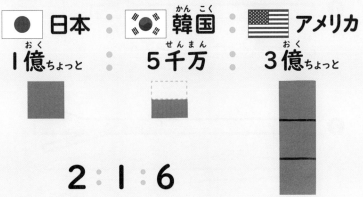

① よしおは、よしさぶろうと、しゅうかくしたばかりのネギをあらうアルバイトをしました。30分後、よしおは5本、よしさぶろうは8本あらいました。よしおとよしさぶろうがあらったネギの本数の比をもとめなさい。

答え　よしお：よしさぶろう ＝ _____

② さらに1時間後、よしおががんばって、あらうスピードを速めました。よしおが15本、よしさぶろうが20本です。よしおとよしさぶろうの比をもとめなさい。

答え　よしお：よしさぶろう ＝ _____

③ 2時間のアルバイトが終了、よしおが30本、よしさぶろうが、なんと60本をあらいました。農家のおじさんが、アルバイト代の3000円をくれました。2人は、あらった本数の比でお金を分けることにしました。よしおとよしさぶろうは、どう分ければいいですか？

答え　よしお　_____　よしさぶろう _____

④ 今度はよしおが、農家からネギをもらってきました。りょうりをしようと、白い部分と緑の部分をほうちょうで切りました。❶〜❹のネギの、白と緑の比をもとめなさい。

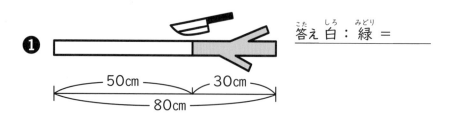

❶

答え 白：緑 ＝ _____

50cm　　30cm
80cm

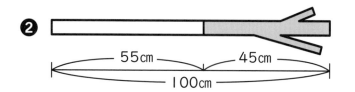

❷

答え 白：緑 ＝ _____

55cm　　45cm
100cm

❸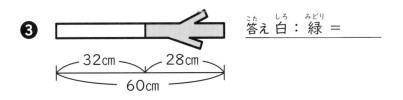

答え　白：緑＝ _____

❹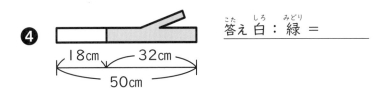

答え　白：緑＝ _____

⑤ よしおは、もらってきたネギを使ってなべをつくることにしました。「まずは、なべのおだしをつくろう!」と思い、しょうゆと水を1：12で混ぜました。水の量を、600ccとする場合、しょうゆは何ccにすればいいでしょうか?

答え _____

⑥ よしお「かつおぶしの量は、5人前で60gか。よしいちろうとよしさぶろうの3人で食べるから、3人前だ」
かつおぶしは、何gあればいいでしょうか?

答え _____

⑦ よしお「さあ、いよいよネギの出番だ!」
5人分で、ネギが4本ひつようです。3人分ならば、何本あればいいでしょうか?

答え _____

速さと時間

チーターとよしおの自転車はどっちが速いのかな？　まずは、よしおの自転車の速さを見てみよう。よしおが出発したのは、浅草。そこから船橋まで1時間かかりました。きょりは22km。これで速さがわかるんだ。

どうやってわかるかというと「時速」。これは1時間でどれくらいのきょりを進んだのかっていうのを表すもの。たとえばニュースで、「台風が時速15kmの速さで進んでいます」とか、聞いたことがあるよね？　それは、台風が1時間で15km進みますよっていうことを表しているんだ。

つまり、よしおの自転車の速さは、1時間で22kmだから時速22kmになるね。

じゃあ、チーターはどれくらいの速さなんだろう？　チーターは10秒で200m走るんだって。でもこれだと、どっちが速いのかわからないね。時速でくらべたいけど、わからない。こういうときは、チーターが1分間だとどれくらい走るのかを考えてみよう。じゃあ1分間って何秒？　60秒だね。60秒ってのは10秒の6倍。

チーターとよしおの自転車どっちが速いんだよ？

ミニよしお

浅草
雷門

船橋
小松菜

1時間　22km

↑

時速

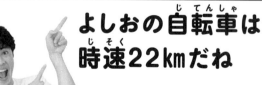

1時間でどれくらいのきょりを進んだのか

よしおの自転車は時速22kmだね

だから、200mを6倍する。200m×6は1200m。1200mっていうのは、何kmかな？　1.2kmだね。整理すると、チーターは10秒で200m走ります。1分ならば1.2km走れるってこと。1分間でどれくらい進むのかということを「分速」といいます。

この分速を時速に直しますよ。1時間は何分かな？　60分だね。ということは、1分間の60倍。1.2kmを60倍します。そうすると、72kmになります。1時間で72km走れるということ。時速はもちろん72km。

浅草 雷門

船橋 小松菜

時速 22km

よしおの自転車と、どっちが速いんだろう？　チーターのほうが速いね！

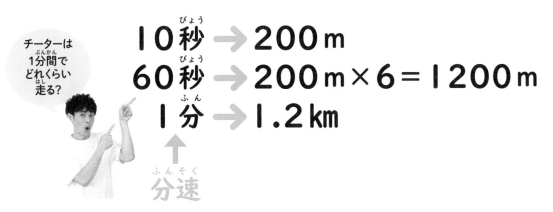

チーターは1分間でどれくらい走る？

10秒 → 200m
60秒 → 200m×6＝1200m
1分 → 1.2km
↑
分速

分速を時速に直すと…？

分速
　　　　1.2km
1時間＝60分 → 1.2km×60＝72km
時速
　　　　72km

95

6年生 速さと時間

よしおは、久しぶりに久米島にいるお母さんに会いに行こうと思いました。

① よしおは、荷物をもって、家から、地下鉄の駅まで歩いていきました。駅までのきょりは、1km。歩いた時間は、15分でした。このとき、よしおの歩いた時速をもとめなさい。

答え　時速 ＿＿＿＿＿＿＿

よしお

地下鉄蔵前駅

家

② 地下鉄で羽田空港にとう着、ここから、沖縄の那覇空港までひこうきで向かいます。きょりは、1550km、時間は、1時間40分ほどかかるそうです。このときの、ひこうきの分速をもとめなさい。また、その時速ももとめなさい。

答え　分速 ＿＿＿＿＿　時速 ＿＿＿＿＿

東京
（羽田空港）

沖縄
（那覇空港）

③ 那覇からお母さんが住む久米島までは、船で行きます。
きょりは、96km。海があれていたので、時速16kmの船で行きました。
よしおが乗った船は、久米島まで何時間かかりますか？

答え ＿＿＿＿＿＿＿

久米島

お母さん

よしお

那覇

おっぱっぴー小学校 算数ドリル

人気授業ベスト5
学年別授業 総まとめ

解答と解説

お父さん、
お母さんへの
アドバイスも！

お父さん、
お母さんと

答え合わせを
しよう！

① 1年生 練習問題［れんしゅうもんだい］ くり上がりのたし算

問題は **12ページ**

■ くり上がりのたし算を目で理かいしよう！

① ここは、よしおが、アルバイトをしているラーメン屋さんです。店の中にあるせきは、全部で10せきです。今、店の中に8人のお客さんがいて、外に6人の行列ができています。よしおが、行列に向かって、「空いているせきにすわってください」とつたえると、お客さんが何人か店に入ってきました。今、外にならんでいる人は、何人ですか？

答え 4人

店の中にお客さんは何人入れたのかな？　えんぴつで、お客さんをいどうさせながら、考えてください。10人のせきに8人がすわっているので、あと2人がお店の中に入れる。行列していた6人から、お店に入った2人を引くと4人。式にすると、6−2=4。

② ここに、よしおが使っていた、ハンバーグが一度に10こやけるフライパンがあります。次の2つの絵のハンバーグは、それぞれいくつあるでしょうか。フライパンの中のハンバーグを10こにしてから、すべてのハンバーグの数を答えなさい。

答え 12こ

> ハンバーグをフライパンの中に、描いてください。その際、10こになったら、「ジュー！」と一緒にさけびましょう。

フライパンの中には、あと3こ入れることができる。3こ入れるとフライパンの中は10（ジュー！）。のこりは2。式にすると（7+3）+2=12。

答え 11こ

フライパンの中には、あと8こ入れることができる。8こ入れるとフライパンの中は10（ジュー！）。のこりは1。式にすると（2+8）+1=11。

③

10このドーナツが入る箱があります。次の絵を見て、あといくつのドーナツが入るかを答えましょう。

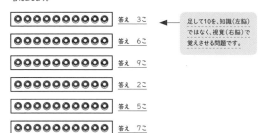

答え 3こ
答え 6こ
答え 9こ
答え 2こ
答え 5こ
答え 7こ

> 足して10を、知識（左脳）ではなく、視覚（右脳）で覚えさせる問題です。

■ たして10を練習しよう！

式を読みながら、□の中の数字をいってみましょう。
何度も何度も練習して、速く答えられるようにしよう！
【例】7+□=10…7たす3は、ジュー！

① 6+④=10　　④ 1+⑨=10　　⑦ 2+⑧=10
② 8+②=10　　⑤ 5+⑤=10　　⑧ 4+⑥=10
③ 3+⑦=10　　⑥ 9+①=10　　⑨ 7+③=10

■ くり上がりのたし算を式で理かいしよう！

□に当てはまる数字を答えましょう。

① 6+8=（6+④）+④=⑭　　⑤ 5+12=（5+⑤）+⑦=⑰
② 7+5=（7+③）+②=⑫　　⑥ 7+4=（7+③）+①=⑪
③ 2+9=（2+⑧）+①=⑪　　⑦ 3+9=（3+⑦）+②=⑫
④ 9+7=（9+①）+⑥=⑯　　⑧ 8+7=（8+②）+⑤=⑮

② 2年生 練習問題［れんしゅうもんだい］ かけ算

問題は **16ページ**

■ かけ算の意味を理かいしよう！

① バナナをたくさんもらいました。よしおは、何度も数えまちがいをしてしまいました。そこで、このバナナを3本ずつまとめました。次のバナナを、3本ずつ、○でかこんでください。○はいくつできますか？　お母さん、お父さんといっしょにやってみてもいいよ！

答え 5つ

② 次の式は、バナナの数をもとめる式です。□に当てはまる数字を答えましょう。□には、同じ数字が入ります。
3+□+□+□+□　　　　　　　　　　**答え 3**

③ 上の式を、かけ算の式にしてみます。□に当てはまる数字を答えましょう。
3×□　　　　　　　　　　　　　　　**答え 5**

④ バナナの数は、全部で何本ですか？
3×5=15　　　　　　　　　　　　　**答え 15本**

■ たし算をかけ算にかえてみよう！

> かけ算の根本には、たし算があるということを、目で理解させましょう。

□に当てはまる数字を答えましょう。

① 2+2+2=②×③=⑥
② 1+1+1+1+1+1+1+1=①×⑧=⑧
③ 3+3+3+3=③×④=⑫
④ 5+5+5+5+5+5+5=⑤×⑦=㉟
⑤ 4+4+4+8+8+8+8=④×③+⑧×⑤=㊾ (52)
⑥ 2+2+2+7+7+1+1+1+9=
　②×③+⑦×②+①×③+⑨×①=㉜

■ 文しょう問題にチャレンジしよう！

よしおは、友だち6人とキャンプにいきました。「たき火をするから、えだを集めよう！」そこで、みんなは森に入って、落ちているえだをさがしました。すると、友だち3人は、えだを1人3本ずつ持ってきました。ほかの友だち3人は、えだを1人4本ずつ。よしおは、2本でした。

① 全部で何本のえだが集まりましたか？　たし算の式を使ってもとめましょう。
答え 3+3+3+4+4+4+2=23

② かけ算とたし算を使って、式をつくりましょう。
答え 3×3+4×3+2（×1）=23

> かけ算を図形的に表すとこうなります。お子さんに、ゆっくり理解させましょう。後に習う面積の概念にもつながります。

チョコレートのブロックの数をかけ算でもとめてください。

① □
答え 2×2=4　4こ

② □
答え 3×3=9　9こ

③ □
答え 2×6=12　12こ

④ □
答え 4×5=20　20こ

⑤ □
答え 4×3+2×2=16　16こ
または、4×5−2×2=16
または、2×5+2×3=16

⑥ □
答え 5×5−3×2=19　19こ
または、5×2+2×2+5=19

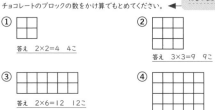

> 少し難しいですが、親子で一緒に考えましょう。自分で考える力をつけることが、もっとも大切です。

> いろんな解き方がありますが、算数は、「めんどうくさがりの学問」であることを教えてください。できるだけ簡単に解こうと工夫することが、大切です。

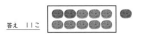

3年生 練習問題［れんしゅうもんだい］

わり算

問題は
20ページ

■ 絵を見て考えよう！

① 次のえんぴつを3人で分けてください。1人当たり何本になりますか？

> わり算は、個数を分けるのに、使うことをまず始めに学びましょう。

答え ❶ 2本 ❷ 3本

② 次のえんぴつを4人で分けてください。1人当たり何本になりますか？

答え ❶ 2本 ❷ 3本

③ 近所の人から、チョコレートをもらいました。よしおは、遊びに来たよしいちろうと2人で分けることにしました。どうやってわったら、平等に分けられますか？　ただし、わるのは1回とします。

> わり算とは何か？をここでは、目で見て学習します。家でも、パンやピザなどで、わり算を体験させてあげましょう。

 答え

④ またまた、よしおは近所の人からチョコレートをもらいました。今度は、よしいちろう、よしさぶろうの3人で、平等に分けることにしました。どうやってわったら、平等に分けられますか？　ただし、わるのは1回とします。

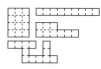 答え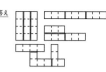

■ 式に表して考えよう！

① よしおは、千葉の友だちから、ネギを9本もらいました。よしいちろう、よしさぶろうの3人で平等に分けることにしました。1人当たり何本になりますか？　もとめ方を式で表しなさい。

答え　式　9÷3=3本　　　　　1人3本ずつに分けられる。

② よしおは、青森の友だちからりんごを17こもらったので、よしいちろう、よしさぶろうと、さかなクンの4人で平等に分けることにしました。1人当たり何こになりますか？もとめ方を式で表しなさい。

答え　式　17÷4=4こ あまり1

ひとり4こずつに分けられる。のこりは1こ。ちなみに、のこりの1こはほうちょうで4こに切ると、平等に分けられるね！

> おそらく、算数の問題もこれからどんどん変化していくと思います。簡単に答えを出すのではなく、さらに深く柔軟に考えられる思考を身につけさせましょう。

③ よしおの友だちのミカン農家で、1本の木から、12このミカンがとれました。2こずつふくろに入れて、友だちに配ろうと思っています。何人に配ることができますか？　もとめ方を式で表しなさい。

答え　式　12÷2=6人　　　　6人に配れる。

> 何人に配れるかという思考を理解させましょう。

④ 12このミカンをもらったあと、ミカン農家のおじさんがさらに7こをくれました。よしおは、これも2こずつふくろに入れて、友だちに配ることにしました。何人に配ることができますか？　もとめ方を式で表しなさい。

答え　式　12+7=19こ（みかんの数）　19÷2=9人 あまり1　　9人に配れる。

4年生 練習問題［れんしゅうもんだい］

大きな数

問題は
24ページ

■ 大きな数を理解しよう！

次の大きな数を4つの部屋に入れて、読んでみましょう。

① 7795000000　（世界の人口）

	77	9500	0000
兆	億	万	

② 126500000（日本の人口）

	1	2650	0000
兆	億	万	

> 日本の人口は、100年前から爆発的に増加してきましたが、2000年ごろを境にゆっくりと減少しています。

③ 1435651000（中国の人口）

	14	3565	1000
兆	億	万	

④ 2000（ニウエの人口…世界で一番人口の少ない国）

			2000
兆	億	万	

> 世界の人口は増え続けています。日本は減っているのに、世界は増えています。それによって何が起きるのかを親子で話し合ってみましょう。

⑤ 56680362

		5668	0362
兆	億	万	

⑥ 1000000000000000（人間の腸内の菌の数）

100	0000	0000	0000
兆	億	万	

⑦ 78473093759112

78	4730	9375	9112
兆	億	万	

⑧ 120000000000（日本のしゃっ金）

	1200	0000	0000
兆	億	万	

■ 数直線を見て答えよう！

次の数直線の□に、当てはまる数を入れましょう。

> すべての数字は、数直線上に存在しています。小さな目盛りの間にも、無数の数が存在していることを、教えてあげましょう。

0　　10000　　20000　　30000　　40000

3000　14000　31000

> 0の数をきちんと把握し、数を声に出して読んでみることが大切です。

100000000　200000000　300000000　400000000

150000000　220000000　290000000　360000000

●日本の人口のうつりかわり

7000万　8000万　9000万　1億　1億1000万　1億2000万　1億3000万

8300万　1億200万　1億400万　1億2600万

●世界の人口のうつりかわり

10億　20億　30億　40億　50億　60億　70億　80億

16億　25億　30億　41億　44億　53億　69億　76億

■ 大きな数を分かいしてみよう！

次の□に、当てはまる数を入れましょう。

① 47629は、10000が 4 こと、1000が 7 こと、100が 6 こと、10が 2 こと、1が 9 こ

② 4589209は、1000000が 4 こと、100000が 5 こと、10000が 8 こと、1000が 9 こと、100が 2 こと、10が 0 こと、1が 9 こ

③ 7850900は、1000000が 7 こと、100000が 8 こと、10000が 5 こと、1000が 0 こと、100が 9 こと、10が 0 こと、1が 0 こ

④ 665904873は、100000000が 6 こと、10000000が 6 こと、1000000が 5 こと、100000が 9 こと、10000が 0 こと、1000が 4 こと、100が 8 こと、10が 7 こと、1が 3 こ

5年生 練習問題［れんしゅうもんだい］ 円周率（えんしゅうりつ）

問題は30ページ

円周は、直径の「×3とちょっと」であることがわかりました。
「ちょっと」の部分は、じつは正かくにいうことができないのです。なぜなら・・・
円周率＝3.1415926535897932384626433832795028841971・・・・と
ずっと続くのです。そこで、おっぱっぴー小学校では、「×3とちょっと」としました。
小学校では、始めの3つの数字をとって、「3.14」としています。

▌ 円周率を使って考えよう！

次の（　）に数字を入れなさい。円周率は、3.14とします。

①
円周は（ 37.68cm ）

② 円周は78.5cm
半径は（ 12.5cm ）

③
半径は（ 6.28cm ）

④
おうぎ形の弧の長さは
（ 6.28cm ）

⑤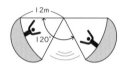
おうぎ形の弧の長さは
（ 12.56cm ）

①直径×円周率＝円周だから、(6+6)×3.14＝37.68
②78.5＝直径×3.14　両辺を3.14でわると78.5÷3.14＝直径×3.14÷3.14
直径＝25　半径をもとめるので直径の半分は、25÷2＝12.5
③円周をもとめると、4（直径）×3.14（円周率）＝12.56
半径だから、12.56の半分の6.28
④(3+3)×3.14＝18.84
120°は、360°の $\frac{1}{3}$ だから、18.84× $\frac{1}{3}$ ＝6.28
⑤(3+3)×3.14＝18.84　240°は、360°の $\frac{2}{3}$ だから、18.84× $\frac{2}{3}$ ＝12.56

▌ 文しょう問題にチャレンジしよう！

① よしおは、よしいちろうと遊園地へ行き、2人でかんらん車に乗ることにしました。
よしいちろう「このかんらん車、1周、どのくらいあるんだろう？」
よしお「高さは、30mらしいよ」
かんらん車1周のきょりは何mですか。円周率は、3.14とします。
答え　94.2m
直径×円周率＝円周　30×3.14＝94.2

② 2人は、遊園地のメリーゴーラウンドの前にやってきました。
よしいちろう「乗りたい！　1周はどのくらいあるんだろう」
よしお「直径は、12mらしいよ」
2人は、メリーゴーラウンドの一番外側の木馬に乗りました。メリーゴーラウンドの
1周のきょりは何mですか？　円周率は、3.14とします。
答え　37.68m　　12×3.14＝37.68

③ さらに、遊園地を楽しみます。
よしいちろう「バイキングに乗りたいよ！　一番ゆれたとき、どのくらい進むんだろう」
よしお「ブランコの長さは12m、角度は、120°らしいよ！」
ゆれたときのきょりは何mですか？　下の図を見て考えましょう。円周率は、3.14とし
ます。

答え　25.12m
ブランコがぐるりと1周回ったとして円周を
もとめます。次に、円は1周360°だから、
120°は360÷120＝3なので
円周を $\frac{1}{3}$ にすると、もとめられる。
12+12（直径）×3.14（円周率）
＝75.36（円周）
75.36（円周）× $\frac{1}{3}$ （÷3）＝25.12

④ よしおとよしいちろうは、自転車で家に帰ることにしました。
よしいちろう「よしおの自転車のタイヤは、1周ぐるりと回ると、どのくらい進むの？」
よしお「半径は、45cmだよ！」
自転車が1回転したときに進むきょりは何mですか？　円周率は、3.14とします。
答え　2.826m
（45cm+45cm）×3.14＝90×3.14＝282.6
282.6cmをmに直すと、2.826m

1年生 練習問題［れんしゅうもんだい］ くり下がりのあるひき算（ざん）

問題は36ページ

▌ 10を分かいしてみよう！

10は、1と9、2と8、3と7、4と6、5と5、6と4、7と3、8と2、9と1に分かいできます。次の
10この■■■■■■■■■■を、分かいしてみましょう。例にならって、□の中に■を
いくつか書き入れなさい。

【例】■■■■と■■■■■■　←　ここのねらいは、10という数を、視覚で覚えてほしいということです。

① ■■■と■■■■■■■
② ■■と■■■■■■■■
③ ■■■■と■■■■■■
④ ■と■■■■■■■■■
⑤ ■■■■■と■■■■■

□に当てはまる数字を答えましょう。何度もくり返して、
問題をできるだけ速くとけるようになりましょう。

即答できるようになるまで、練習しましょう。

① 3+ 7 ＝10　④ 5+ 5 ＝10　⑦ 2+ 8 ＝10
② 7+ 3 ＝10　⑤ 6+ 4 ＝10　⑧ 4+ 6 ＝10
③ 8+ 2 ＝10　⑥ 1+ 9 ＝10　⑨ 9+ 1 ＝10

▌ くり下がりのひき算を目で理かいしよう！

次のブロックの集まりから、ブロックをいくつか引いてください。
問題をとく前に、コツを学んでから始めましょう。

ここから5こを引く場合、右がわの3からへらしていくとわかりやすい
のこりは8こ

①
7このブロックを引くと、
のこりはいくつになりますか？
答え　5こ

②
7このブロックを引くと、
のこりはいくつになりますか？
答え　9こ

③
8このブロックを引くと、
のこりはいくつになりますか？
答え　5こ

④
9このブロックを引くと、
のこりはいくつになりますか？
答え　9こ

▌ くり下がりのひき算を式で理かいしよう！

下の例を見本に、次の□に当てはまる数字を答えましょう。

【例】12－4＝(10 ＋ 2)－4＝(10 － 4)＋2＝ 6 ＋2＝ 8

① 15－6＝(10＋5)－6＝(10－6)＋5＝ 4 ＋5＝ 9
② 14－8＝(10＋4)－8＝(10－8)＋4＝ 2 ＋4＝ 6
③ 11－3＝(10＋1)－3＝(10－3)＋1＝ 7 ＋1＝ 8
④ 15－6＝(10＋ 5)－6＝(10－6)＋ 5 ＝ 4 ＋ 5 ＝ 9
⑤ 17－9＝(10＋ 7)－9＝(10－9)＋ 7 ＝ 1 ＋ 7 ＝ 8
⑥ 12－7＝(10＋ 2)－7＝(10－7)＋ 2 ＝ 3 ＋ 2 ＝ 5
⑦ 14－5＝(10 ＋ 4)－5＝(10 － 5)＋ 4 ＝ 5 ＋ 4 ＝ 9
⑧ 16－8＝(10 ＋ 6)－8＝(10 － 8)＋ 6 ＝ 2 ＋ 6 ＝ 8
⑨ 18－9＝(10 ＋ 8)－9＝(10 － 9)＋ 8 ＝ 1 ＋ 8 ＝ 9

2年生 練習問題［れんしゅうもんだい］
長さの単位 m cm mm

問題は 40 ページ

■ 単位を目で理かいしよう！

次のものさしの、赤い線の長さを答えなさい。単位は、cm、mmを使ってください。

①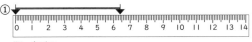

答え　6cm4mm

②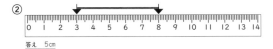

答え　5cm

③

答え　12cm8mm

④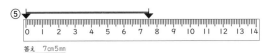

答え　6cm4mm

⑤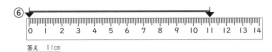

答え　7cm5mm

⑥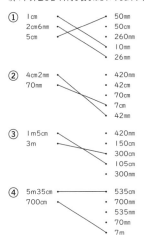

答え　11cm

■ 単位をおきかえて考えよう！

次のうち、左と右で、同じ長さはどれでしょうか？　線でつなぎなさい。

①
- 1cm ・ ・ 50mm
- 2cm6mm ・ ・ 50mm
- 5cm ・ ・ 260mm
- ・ 10mm
- ・ 26mm

②
- 4cm2mm ・ ・ 420mm
- 70mm ・ ・ 42
- ・ 70cm
- ・ 7cm
- ・ 42mm

③
- 1m5cm ・ ・ 420mm
- 3m ・ ・ 150cm
- ・ 300cm
- ・ 105cm
- ・ 300mm

④
- 5m35cm ・ ・ 535cm
- 700cm ・ ・ 700
- ・ 535mm
- ・ 70mm
- ・ 7m

■ 単位を式で理かいしよう！

次の□に当てはまる数を入れましょう。

① 1m + 50cm = 150 cm

② 90cm +70cm = 160 cm = 1 m 60 cm

③ 3m20cm + 80cm = 3m + 100 cm = 4 m

④ 80cm + 40cm + 30cm + 70cm = 220 cm = 2 m 20 cm

⑤ 235mm + 13cm + 4cm7mm + 5cm =
23 cm 5 mm + 13cm + 4cm7mm + 5cm = 46 cm 2 mm

⑥ 1007mm + 50cm + 4mm = 1 m 7 mm + 50cm + 4mm = 1 m 51 cm 1 mm

---

2年生 練習問題［れんしゅうもんだい］
球について

問題は 44 ページ

① あなたの身の回りで形が「球」のモノをさがしてみましょう。

答え　ボール、ビリヤード、ボーリング、シャボン玉、すいか、地球など
（球は、はねるもの、表面積が小さいもの、空気ていこうが少ないものなどが多い）

② 身の回りで「球」という言葉がつくものをさがしてみましょう。

答え　電球、球根、ねこの肉球、気球など

③ （　）に当てはまる球の部分の名前を答えなさい。

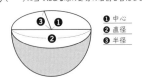

❶ 中心
❷ 直径
❸ 半径

④ よしおは、高校の野球部の友だちと、ひさしぶりに野球をすることになりました。よしおは、野球のボール1ダース（12こ入り）を2こ、合計24このボールを持って行かなくてはいけません。箱が絵のようなとき、どのくらいの大きさのバッグを用意すればいいでしょう？　バッグのヨコ、タテ、高さをもとめなさい。野球ボールの直径は7cmとします。

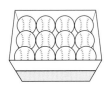

答え　ヨコ28cm　タテ21cm　高さ14cm

ヨコ　ボール4こ分だから、7cm×4＝28cm
タテ　ボール3こ分だから、7cm×3＝21cm
高さ　ボール2こ分だから、7cm×2＝14cm

⑤ どちらの切り口が大きいでしょうか。

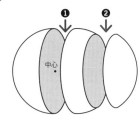

答え　①
球は、どこを切っても円の形をしていますが、中心を通るときにもっとも大きくなります。そのときに通るのが、球の直径です。

⑥ 次のうち、回転させると球になるものはどれですか？

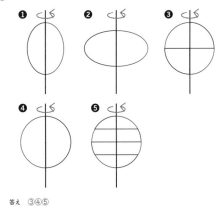

答え　③④⑤

101

① あなたの身の回りの形で長方形のものをさがしてみましょう。
思いつくかぎり書いてください。

答え　テーブル、テレビ、引き出し、黒板、くつ箱、ドア、ベッド、タンス、ピアノ、本、せんたくき、おふろ、トランプなど

> お母さんやお父さんが、答えを判断してください。身の回りには、長方形や正方形のものが多いことを知ってほしいです。

② あなたの身の回りの形で正方形のものをさがしてみましょう。
思いつくかぎり書いてください。

答え　サイコロ、おり紙、オセロのばん、ごばんなど

③ 下のぼうを4本使って、長方形をつくりなさい。いくつできますか？

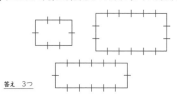

答え　3つ

④ 下のぼうを4本使って、正方形をつくりなさい。いくつできますか？

> 正方形は、長方形の中の特別な形です。なかなかつくれないことを話し合ってみましょう。

答え　1つ

⑤ 下の三角形を組み合わせて、長方形と正方形をつくりなさい。
それぞれ、いくつできますか？

【長方形】　　　　　　　　　　　　【正方形】

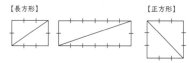

答え　長方形2つ　正方形1つ

⑥ 下のブロックを使って、正方形をつくりなさい。いくつできますか？

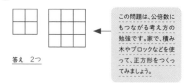

> この問題は、公倍数にもつながる考え方の勉強です。家で、積み木やブロックなどを使って、正方形をつくってみましょう。

答え　2つ

⑦ 下のブロックを使って、正方形をつくってみましょう。

【例】

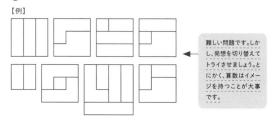

> 難しい問題です。しかし、発想を切り替えてトライさせましょう。とにかく、算数はイメージを持つことが大事です。

■ □を使った式を理解しよう！

わからないものを□におきかえて、式をつくってみましょう。

① よしおの家に、友だちの「かもめんたる」からあずかったヘビが、何びきかいました。
さらに、ヘビ5ひきをあずかりました。全部で、12ひきになりました。

答え　□ひき＋5ひき＝12ひき
問題文の中に、「何」があったら、□にしてみましょう。そうすると、式が見えてきます。

② 次の日、「かもめんたる」の2人が、やきいもを何本か持って遊びにきてくれました。
3人で、3本ずつ食べたら、のこりは5本でした。

答え　□本−（3本×3人）＝5本
持ってきたやきいもから、3人が食べたやきいもをひくと、今あるやきいもの数になる。

③ よしおは、自転車で友だちの家まで、時速20kmの速さで行きました。何時間か走ると、友だちの家に着きました。よしおの家から、友だちの家までのきょりは40kmです。

答え　時速20km×□時間＝40km
文しょう問題は、図をかいて、考えてみてください。答えが見えてくるはずです。

④ よしおは、たくさんのみかんを友だちの家に持っていきました。家族5人で分けると、1人6こずつでした。よしおが持ってきたみかんの数はいくつでしたか。

答え　□こ÷5人＝6こ
「たくさん」という言葉に注目し、これを□にしましょう。

□の式のとき方を学びましょう。

■＝▲ならば … ■＋〇 ＝ ▲＋〇
　　　　　　　■－△ ＝ ▲－△
　　　　　　　■×◎ ＝ ▲×◎
　　　　　　　■÷◆ ＝ ▲÷◆

> イコールは、両辺に同じものをたしても、引いても、かけても、わっても、おこ〜るになならないんだ！　式にすると、こうだ！

■ □を使った式にチャレンジしよう！

下の見本の式のように□をもとめる計算をして、（　）の中をうめなさい。

【見本】　□＋2＝3
　　　　　□＋2−2＝3−2
　　　　　□＝1

① □＋6＝8
　　□＋6（−6）＝8（−6）
　　□＝（2）

② □−9＝11
　　□−9（＋9）＝11（＋9）
　　□＝（20）

③ 9−□＝6
　　9−□（＋□）＝6（＋□）
　　　　　　9＝6（＋□）
　　　　　　□＝（3）

> ③と④は、□と答えるのは難しいですが、中学で習う×の概念です。「移項」というテクニックは、できるだけこの時点では、使わせないようにしましょう。まずは、＝の性質を理解することが大切です。将来、必須となるプログラミングの基礎となります。

④ 7−□＝3
　　7−□（＋□）＝3＋（＋□）
　　　　　　7＝3＋（＋□）
　　　　　　□＝（4）

⑤ □×5＝20
　　□×5（÷5）＝20（÷5）
　　□＝（4）

⑥ 7×□＝21
　　7（÷7）×□＝21（÷7）
　　□＝（3）

> ⑧は難しいですが、わかっておくと中学校に入ったときに安心です。展開はこうです。
> 64÷□＝8
> 64÷□×□＝8×□
> 64÷8＝8×□÷8
> 8＝8×□÷8
> プログラミングでは、こういった展開ができる能力が必要になってきます。ぜひ、お子さんと一緒に解きましょう。

⑦ □÷9＝4
　　□÷9（×9）＝4（×9）
　　□＝（36）

⑧ 64÷□＝8
　　□＝（8）

③ 時こくと時間

3年生

問題は 56ページ

■ 時計の読み方を練習しよう！

時こくを答えてください。

①

答え　12時20分

②

答え　7時30分

③

答え　9時20分

④

答え　11時55分

■ 時計のはりをかいて理かいしよう！◀

① 次の時こくになるように、時計のはりをかいてください。
短いはりと長いはりの長さに注意してかきましょう。

❶ 3時30分　❷ 8時55分　❸ 7時45分　❹ 11時59分

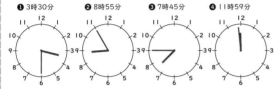

> 先に短針を描いて、次に長針を描くことをきちんと教えましょう。

② 次の時こくを赤えんぴつでかいてください。

❶ 12時40分の4時間後は何時何分？

❷ 5時5分の7時間30分後は何時何分？

❸ 7時15分の4時間前は何時何分？

❹ 10時35分の7時間30分前は何時何分？

❺ 3時50分の13時間後は何時何分？

❻ 9時30分の17時間20分後は何時何分？

---

④ 角とその大きさ

4年生

問題は 60ページ

2種類の三角じょうぎの角度をおぼえましょう。　ちょっとかわった2つの角度もおぼえましょう。

60°　90°　30°　　90°　45°　45°　　180°　360°

■ 角度のもとめ方を練習しよう！

① 次の❶～❹の角度をもとめなさい。

❶　　❷　　❸　　❹
30°　　45° 45°　　30° 90°　　45°
60°

答え　120°　答え　135°　答え　330°　答え　315°
180°−60°=120°　180°−45°=135°　360°−30°=330°　360°−45°=315°

② 2種類の三角じょうぎを使った、次の❶～❻の角度をもとめなさい。

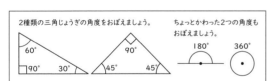

❶(135°)
❷(120°)
❸(135°)
❹(300°)
(105°)
❺　❻(135°)

> 「三角形の内角の和は180°」という考え方を覚えさせましょう。

① 45°+90°=135°
② 180°−60°=120°
③ 180°−45°=135°
④ 360°−60°=300°
⑤ 180°−30°−45°=105°
⑥ 180°−45°=135°

③ 次の❶～❻の角度をもとめなさい。

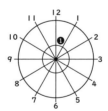

答え　30°

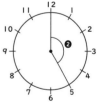

答え　150°

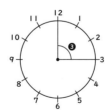

答え　90°

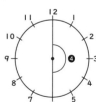

答え　180°

❺

答え　90°

❻

答え　270°　360°−90°=270°

103

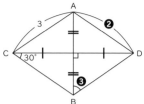

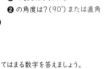

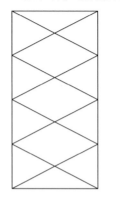
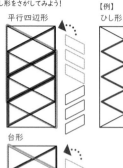

4年生 練習問題［れんしゅうもんだい］ いろんな四角形（しかくけい）

問題は 64ページ

■ 四角形のとくちょうを理かいしよう！

問題をとく前に、少しふく習をしましょう。これをおぼえてくださいね。

> **台形**：向かい合う1組の辺が平行な四角形
> **平行四辺形**：向かい合う2組の辺が平行な四角形
> **長方形**：すべての角が直角な四角形
> **正方形**：すべての角が直角ですべての辺の長さが等しい四角形
> **ひし形**：すべての辺の長さが等しい四角形

（　）の中に当てはまる四角形を、下の中からすべてえらびなさい。

> 台形、平行四辺形、長方形、正方形、ひし形

① すべての角が直角な四角形（　長方形、正方形　）
② 向かい合う平行な辺が1組だけある四角形（　台形　）
③ すべての辺の長さが等しい四角形（　ひし形、正方形　）
④ 向かい合う2組の辺が平行な四角形（　平行四辺形、長方形、正方形、ひし形　）

■ 図を見て長さや角度をもとめよう！

次の問いに答えなさい。
① （　）の中に当てはまる数字を答えましょう。

【正方形】
❶ の長さは？（3cm）
❷ の角度は？（90°）または直角

② （　）の中に当てはまる数字を答えましょう。

【平行四辺形】
❶ の長さは？（5cm）
❷ の角度は？（70°）
❸ の角度は？（110°）

> **❸のヒント**
> ❸のとなりの角度は70°。直線の角度180°から、70°を引いた角度が、❸の答え。つまり、となりどうしの角をたすとかならず180°になります！

③ （　）の中に当てはまる言葉と、数字を答えましょう。

1. この四角形の名前は？（ひし形）
対角線が直角に交じわっているのもとくちょう
2. ❷ の長さは？（3cm）
3. ❸ の角度は？（60°）
三角形の内角の和が180°だから
180°−90°−30°＝60°

■ 図を見て考えよう！

この図の中に、平行四辺形、台形、ひし形をさがしてみよう！

平行四辺形
台形
【例】 ひし形

ほかにもあるからさがしてみよう！

4年生 練習問題［れんしゅうもんだい］ わり算（ざん）のひっ算（さん）

問題は 68ページ

おっぱっぴー式ひっ算は、学校やじゅくで教えてもらうものと、少しだけちがうかもしれません。
でも、わかりやすくて算数らしいとき方なので、ぜひ、おぼえましょう！

■ わり切れる、わり算のひっ算にチャレンジ！

```
①      63        ②     142        ③     150        ④      37
   5)315          2)284          3)450          5)185
     300            200            300            150
      15             84            150             35
      15             80            150             35
       0              4              0              0
                      4
                      0
```

```
⑤      25        ⑥      12        ⑦      26        ⑧      13
  15)375         12)144         11)286         13)169
     300            120            220            130
      75             24             66             39
      75             24             66             39
       0              0              0              0
```

■ あまりが出る、わり算のひっ算にチャレンジ！

```
①      73        ②      50        ③     123        ④      58
   5)366          8)402          2)247          6)350
     350            400            200            300
      16              2             47             50
      15                            40             48
       1                             7              2
                                     6
                                     1
```

```
⑤      35        ⑥      28        ⑦      52        ⑧      86
  13)462         25)702         17)894         12)1035
     390            500            850            960
      72            202             44             75
      65            200             34             72
       7              2             10              3
```

■ 小数のわり算にチャレンジ！

小数のわり算をする前に、わる数とわられる数の関係について、理かいしましょう。
この3つのわり算は、すべて答えが100になります。

$$10÷0.1＝100$$
$$100÷1＝100$$
$$1000÷10＝100$$

÷の両側に、同じ数をかけたり、わったりしても、答えは同じになります。
じつは上の式は、さいしょの式に10と100（10×10）をかけているだけなのです。

$$10÷0.1＝(10×10)÷(0.1×10)＝(10×100)÷(0.1×100)$$

このせいしつを使って、小数のわり算の問題にトライしてみましょう。

```
①  0.2)8×10      両方に
       ×10       10をかけて
           40
        2)80
          80
           0
```

```
②  0.4)2×10      両方に
       ×10       10をかけて
            5
         4)20
           20
            0
```

```
③  0.05)3×100    両方に
        ×100      100を
            60    かけて
         5)300
           300
             0
```

```
④  0.02)5×100    両方に
        ×100      100をかけて
            250
         2)500
           400
           100
           100
             0
```

ここから先は、小数のまま、計算してみましょう。

```
⑤     0.4        ⑥     0.05       ⑦     0.14
   2)0.8          5)0.25          5)0.7
     0.8            0.25            0.5
       0              0            0.20
                                   0.20
                                      0
```

← ここが難しいのでゆっくり教えてあげてください

```
⑧     0.08
   7)0.56
     0.56
        0
```

> 8÷0.2も、80÷2も、800÷20も、答えが同じことをお子さんと実際に計算して確かめてください。その理解がないと、小数のわり算でつまづきます。

問題は **72** ページ

■ 小数を単位から知ろう！

① 次のごぼう1本を、だいたい0.7本だと思うところで切ってみましょう。

0.7本
0.5本　　0.75本

ごぼうを半分にしてください。
さらに、その半分を半分にしてください。そこは、0.75です。
だから、0.7は、そこから少し真ん中よりにします。

> 小数の概念を身近なもので体験させてあげましょう。
> 例）「豆腐を0.5個に切ってみよう」など。

② □の中に、数字を入れてください。

0　　0.4　　　　1.3　1.7　　2　　　　3

> 整数の間に、小数が存在していることを教えましょう。例）「ものさしで1cmと2cmの間には、mmの目盛りがあるね」など。

■ 小数を単位から知ろう！

① 0.7mとは、何cmですか？　　答え　70cm　　※1mは100cm

② 80cmは、何mですか？　　答え　0.8m

③ 1.7kmは、何mですか？　　答え　1700m

④ 500gは、何kgですか？　　答え　0.5kg

⑤ 2.5時間とは、何分ですか？
60分＋60分＋30分＝150分　　答え　150分　　0.5時間は30分

⑥ 1.5日とは、何時間ですか？
24時間＋12時間＝36時間　　答え　36時間　　0.5日は12時間

⑦ ビルの1かい分の高さは、およそ3.5mです。
では、ビル3かい分の高さは、何mですか？
3.5×3＝10.5　　答え　およそ10.5m

> 小数は、身近なものを使って教えましょう。

■ 文しょう問題にチャレンジしよう！

① りく上100m走の世界記ろくは、ジャマイカのウサイン・ボルトせん手が出した9.58秒。それに対し、小学6年生男子の日本記ろくは、11.72秒です。では、世界記ろくと小学生の日本記ろくとの差は何秒ですか？
11.72秒−9.58秒＝2.14秒　　答え　2.14秒

② 食べ放題に行きました。大人1人のりょう金は、2000円です。中学生は、大人の0.5人分のりょう金、小学生は、大人の0.3人分のりょう金です。では、中学生と小学生のりょう金は、いくらですか？
中学生のりょう金は…2000円×0.5＝1000円
小学生のりょう金は…2000円×0.3＝600円
答え　中学生のりょう金　1000円　小学生のりょう金　600円

③ よしおは、毎日、ランニングをしています。月曜日は、3.2km、火曜日は、10.5km、水曜日は、3.7km、木曜日は、4.24km、金曜日は、8.63km走りました。5日間で、合計何km走りましたか？
3.2＋10.5＋3.7＋4.24＋8.63＝30.27　　答え　30.27km

```
   3.2
  10.5
   3.7
   4.24
+  8.63
 30.27
```

> 小数のひっ算の仕方を教えましょう。位をまちがえずにそろえることが最大のポイントです。

■ 小数を理かいしよう！

次の□に当てはまる数字を答えましょう。

① 8.6とは、8と□をたした数です。　　答え　0.6

② 5.3とは、2.1と□をたした数です。
5.3−2.1＝3.2　　答え　3.2

③ 1.2とは、0.2が、□こ集まった数です。
1.2÷0.2＝6　　答え　6

④ 2.4とは、0.3が、□こ集まった数です。
2.4÷0.3＝8　　答え　8

⑤ 1.253＋2.47＋12.3＝□　　答え　16.023

⑥ 0.89×10＝□　　答え　8.9

⑦ 0.44×100＝□　　答え　44

⑧ 0.032×1000＝□　　答え　32

> 「集まった」という表現を理解させましょう。

> 位を合わせて計算することがポイントです。

> 10倍するたびに、小数点がずれていくことに気づかせましょう。

問題は **76** ページ

みなさんは、「3D」という言葉を聞いたことがあると思います。「D」とは、dimension（次元）のりゃくです。算数で1次元は「線」、2次元は「面積」、3次元は「体積」です。基本となる四角形で考えてみましょう。面積は、タテ×ヨコの2つをかけるので2次元。体積は、タテ×ヨコ×高さと3つをかけるので、3次元とおぼえてください。

1次元（線）　　2次元（面積）　　3次元（体積）
タテ　　ヨコ　　高さ　タテ　ヨコ

① 次の（　）の中に、面積もしくは体積を入れましょう。単位はcmです。

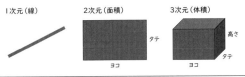

❶（1㎠）　　❷（4㎠）　　（1㎠）（1㎤）（8㎤）

❸（1㎠）（9㎠）（27㎤）

> 辺が2倍になったとき、面積は4倍、体積は8倍になることを感覚でいいので教えましょう。今後の2乗や3乗（乗法）の根本になります。

② 次の体積をもとめなさい。1マスのタテ、ヨコ、高さは1cmです。

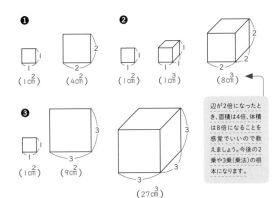

❶（24㎤）　❸（10㎤）　❹（5㎤）
❷（12㎤）

❶タテ×ヨコ×高さ　2×4×3＝24
❷3×4×1＝12
❸2×2×2+2×1×1＝10
❹1×1×5＝5

③ よしおは、さかなクンから金魚をもらいました。金魚を入れる水そうに、線の部分まで水を入れるにはどれくらいの水があればいいでしょうか？　水そうのヨコの長さは30cm、タテの長さは10cm、線までの高さは20cmです。答えの単位は㎤とします。

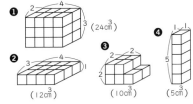

答え　6000㎤
10×30×20＝6000

④ ③で答えた体積は何Lですか？

答え　6L
1㎤＝1mL＝1cc　　1L＝1000㎤＝1000mL＝1000cc

⑤ 8ひきの金魚を入れたら、線よりも1cm、水の量がふえました。8ひきの金魚の体積をもとめなさい。

答え　300㎤
10×30×1＝300

四角いものの体積をはかる場合は、かんたんに計算でもとめられるけれど、金魚などの体積をはかるのはむずかしい。そんなときは、水にしずめた時の水面の高さの変化から、体積を計算することができる。

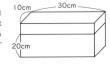

5年生 練習問題［れんしゅうもんだい］ 約数

問題は 80ページ

■ 約数のもとめ方を目で理かいしよう！

次の表を使って、数の約数をもとめなさい。

【例】 15の約数をもとめなさい。

1	15
2	―
3	⑤
4	―
⑤	3

まず1を入れてみる。1×15だから、当然、わり切れる。
次に2。わり切れないから×。3は、3×5でわり切れる。
4はわり切れないから×。5は、5×3と同じなので、わり切れる。左の表の○のように同じ数字が出たら終わり。

答え　1、3、5、15

① 8の約数は？

1	8
2	④
3	―
④	2

答え　1、2、4、8

② 20の約数は？

1	20
2	10
3	―
4	⑤
⑤	4

答え　1、2、4、5、10、20

③ 24の約数は？

1	24
2	12
3	8
4	⑥
5	―
⑥	4

答え　1、2、3、4、6、8、12、24

④ 35の約数は？

1	35
2	―
3	―
4	―
5	⑦
6	―
⑦	5

答え　1、5、7、35

⑤ 52の約数は？

1	52
2	26
3	―
4	⑬
5	―
6	―
7	―
8	―
9	―
10	―
11	―
⑬	4

答え　1、2、4、13、26、52

⑥ 96の約数は？

1	96
2	48
3	32
4	24
5	―
6	16
7	―
8	⑫
9	―
10	―
⑫	8

答え　1、2、3、4、6、8、12、16、24、32、48、96

■ 文しょう問題にチャレンジしよう！

① よしおとよしさぶろうは、農家のお手つだいをしました。今日は、きゅうりが48本とれました。48本を何本ずつかに分けて、パックにつめなくてはいけません。よしさぶろう「1本ものこさずにつめるには、1パック何本ずつにすればいいのかな？」よしお「こんなときこそ、約数を使えばいいんだよ！」

1	48
2	24
3	16
4	12
5	―
6	⑧
7	―
⑧	6

答え　1、2、3、4、6、8、12、16、24、48本ずつ
のいずれかで分ければいい

② 農家のおじさんが、「今日は、ありがとう。お礼にナスをあげるよ」と、ナスを36本くれました。
よしさぶろう「みんなで分けたいね。平等に分けるなら、何人に分けられるかな？」
よしお「また約数の出番だ！」

1	36
2	18
3	12
4	⑨
5	―
6	6
7	―
8	―
⑨	4

答え　1、2、3、4、6、9、12、18、36人
のいずれかで分けられる
6×6は計算が成り立つので、次の数字がぶつかるところの9で終わりになります。

③ よしいちろうが、いちごがりから帰ってきました。
よしいちろう「いちごをたくさんとってきたよ。全部で187こ！」
よしお「これも平等に分けるなら、何人に分けられるかな？」

1	187
2	―
3	―
4	―
5	―
6	―
7	―
8	―
9	―
10	―
11	⑰
12	―
13	―
14	―
15	―
16	―
⑰	11

答え　1、11、17、187人
のいずれかで分けられる

6年生 練習問題［れんしゅうもんだい］ 分数 × 整数

問題は 84ページ

■ 文しょう問題にチャレンジしよう！

① よしおは、ジャングルの中で、1週間のサバイバル生活をしようと考えました。まずは、食べもののじゅんびをします。1食で食べるひじょう用のパンの数は、1この $\frac{1}{3}$ です。1日3食、それを7日間つづけるとすると、何このパンがあればいいでしょうか？

答え　7個
1食のパンの量×1日食事の回数×日数なので、$\frac{1}{3} \times 3 \times 7 = \frac{1 \times 3 \times 7}{3} = \frac{21}{3} = 7$

② 命を守るために大事な水も、じゅんびします。重いのでできるだけ少なく持って行きたいのですが、1日さいていでも2L入りのペットボトルの $\frac{2}{3}$ がいります。1週間用でペットボトルは、何本買えばいいでしょうか。

答え　5本
1日の水の量（ペットボトルの本数）×日数＝
$\frac{2}{3}$ 本 × 7日＝ $\frac{2 \times 7}{3} = \frac{14}{3} = 4\frac{2}{3}$
$4\frac{2}{3}$ 本ということは、つまりペットボトルは5本いる。

③ サバイバル生活の様子をカメラでとります。1日にひつような電力は、電池の $\frac{5}{7}$ です。1日目は、カメラ本体にじゅう電しているので、2日目から電池がひつようになります。1週間で電池は、何本あればいいでしょうか？　ただし、カメラ本体のじゅう電は1日目に使い切るものとします。

答え　5本
7日間－1日間＝6日間　　$\frac{5}{7}$ 本 × 6日間＝ $\frac{5 \times 6}{7} = \frac{30}{7} = 4\frac{2}{7}$
ひつような電力は $4\frac{2}{7}$ で、つまり5本ひつようとなる。

■ 約分の練習をしよう！

分数の計算は、とにかく約分を先にやること。できるだけかんたんな数字にしてから、計算を始めよう。

① $\frac{2}{3} \times 6 = \frac{2 \times \cancel{6}^{2}}{\cancel{3}_{1}} = 4$

② $\frac{3}{12} \times 4 = \frac{3}{\cancel{12}_{3}} \times \cancel{4}^{1} = \frac{1 \times \cancel{4}^{1}}{\cancel{4}_{1}} = 1$

③ $3\frac{3}{4} \times 4 = (3 \times 4) + \frac{3 \times \cancel{4}^{1}}{\cancel{4}_{1}} = 12 + 3 = 15$

④ $\frac{43}{11} \times 121 = \frac{43 \times \cancel{121}^{11}}{\cancel{11}_{1}} = 43 \times 11 = 473$

⑤ $\frac{105}{45} \times 50 = \frac{\cancel{105}^{35} \times \cancel{50}^{10}}{\cancel{45}_{9}} = \frac{350}{3} = 116\frac{2}{3}$

■ 文しょう問題にチャレンジしよう！

① 久米島に帰ったよしおは、お母さんが乗っている車をあらってあげました。1本のせんざいの $\frac{3}{7}$ を使いました。すると、近所の人たちが集まってきて「ピカピカになったね。うちの車もたのむよ！」とひとりがいうと、「オレんちもあらってほしい！」「私の家も！」「こっちもね」「じゃ、こっちも」とたのんできました。今から、全部で5台の車をあらわなければなりません。お母さんの車をあらったのこりも使うとすると、せんざいはあと何本あればいいでしょうか？

答え　2本
車1台につき $\frac{3}{7}$ 本ひつようなので、5台をあらうには $\frac{3}{7} \times 5 = \frac{15}{7}$ 本ひつよう。
しかし今、お母さんの車をあらったのこりのせんざいがあります。
それが、$1 - \frac{3}{7} = \frac{4}{7}$ 本。
$\frac{15}{7} - \frac{4}{7} = \frac{11}{7} = 1\frac{4}{7}$ 本。つまりあと2本ひつようとなる。

② よしおは、1台の車をあらうのに、$\frac{2}{3}$ 時間かかります。5台あらい終わるまでに、何時間何分かかるでしょうか？　ただし、1台あらったら、20分間、休むことにします。

答え　4時間40分
車をあらう時間は、$\frac{2}{3} \times 5 = \frac{10}{3}$
休む時間は4回。20分は $\frac{1}{3}$ 時間なので、$\frac{1}{3} \times 4 = \frac{4}{3}$ 時間
あらう時間と休む時間を合わせると、$\frac{10}{3} + \frac{4}{3} = \frac{14}{3} = 4\frac{2}{3}$ 時間で、4時間40分

算数が、日常生活に役立つことを教えてあげましょう。算数は、テストだけのためにするものではありません。

6年生 練習問題［れんしゅうもんだい］
線対称と点対称

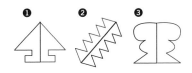

問題は 88ページ

① あなたの身の回りで線対称なものをさがしてみましょう。

答え　テーブル、茶わん、ペットボトル、風船、エスカレーター、車やひこうき（前後、上下から見て）など、あなたの身の回りで線対称なものをさがしてみましょう。

② あなたの身の回りで点対称なものをさがしてみましょう。

答え　せんぷうきの羽根、トランプ、S字フック、寺の地図記号卍、アルファベットのS、H、O、N、Zなど

> お母さんやお父さんが、答えを判断してください。私たちの生活は、線対称なものばかりです。つまり、線対称は使いやすいということを教えましょう。

③ 線対称になるように、線を入れてください。何本でもよいです。
中には、線対称ではないものも入っています。線対称でないものは何番か答えなさい。

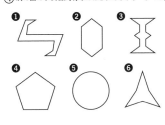

答え　3
また、5の円は、どこから見ても、線対称になるとくしゅな図形です。

④ 次の図のうち、点対称なのはどれですか？　すべて答えなさい。

答え　1 2 3 5
5の円は、線対称であり、点対称であることをおぼえましょう。

⑤ 次の図に、線対称の半分を書きたしてください。

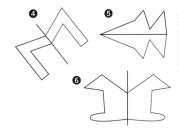

お子さんが答えた後で、下のように鏡を使ってみてください。線対称を視覚で教えましょう。

⑥ 次の図に、点対称になるように書きたしてください。

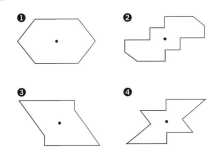

6年生 練習問題［れんしゅうもんだい］
比と比の値

問題は 92ページ

① よしおは、よしさぶろうと、しゅうかくしたばかりのネギをあらうアルバイトをしました。30分後、よしおは5本、よしさぶろうは8本あらいました。よしおとよしさぶろうがあらったネギの本数の比をもとめなさい。

答え　よしお：よしさぶろう＝5：8

② さらに1時間後、よしおがんばって、あらうスピードを速めました。よしおが15本、よしさぶろうが20本です。よしおとよしさぶろうの比をもとめなさい。

答え　よしお：よしさぶろう＝3：4
15：20＝15÷5：20÷5＝3：4
比は、左右の数字に同じ数でかけても、同じ数でわっても成り立ちます。

③ 2時間のアルバイトが終了、よしおが30本、よしさぶろうが、なんと60本もあらいました。農家のおじさんが、アルバイト代の3000円をくれました。2人は、あらった本数の比でお金を分けることにしました。よしおとよしさぶろうは、どう分ければいいですか？

あらったネギの本数は、よしお：よしさぶろう＝30：60＝30÷30：60÷30＝1：2
3000円を1：2で分けると、1000円と2000円

答え　よしお 1000円　よしさぶろう 2000円

④ 今度はよしおが、農家からネギをもらってきました。りょうりをしようと、白い部分と緑の部分をほうちょうで切りました。❶〜❹のネギの、白と緑の比をもとめなさい。

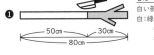

答え　白：緑＝5：3
白い部分50cm、緑の部分30cm
白：緑＝50：30
　　　＝50÷10：30÷10
　　　＝5：3

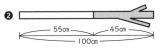

答え　白：緑＝11：9
白い部分55cm、緑の部分45cm
白：緑＝55：45
　　　＝55÷5：45÷5
　　　＝11：9

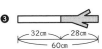

答え　白：緑＝8：7
白い部分32cm、緑の部分28cm
白：緑＝32：28
　　　＝32÷4：28÷4
　　　＝8：7

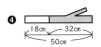

答え　白：緑＝9：16
白い部分18cm、緑の部分32cm
白：緑＝18：32
　　　＝18÷2：32÷2
　　　＝9：16

⑤ よしおは、もらってきたネギを使ってなべをつくることにしました。「まずは、なべのおだしをつくろう！」と思い、しょうゆと水を1：12で混ぜました。水の量を、600ccとする場合、しょうゆは何ccにすればいいでしょうか？

答え　50cc
しょうゆを□ccだとすると、1：12＝□：600
水は12×50＝600（50倍）。だから、水も1×50＝50（50倍）

⑥ よしお「かつおぶしの量は、5人前で60gか。よしいちろうとよしさぶろうの3人で食べるから、3人前だ」
かつおぶしは、何gあればいいでしょうか？

答え　36g
かつおぶしの量を□gだとすると、5：3＝60：□
$5×\frac{3}{5}=3$（$\frac{3}{5}$倍）。だから、$60×\frac{3}{5}=36$（$\frac{3}{5}$倍）

⑦ よしお「さあ、いよいよネギの出番だ！」
5人分で、ネギが4本ひつようです。3人分ならば、何本あればいいでしょうか？

答え　3本
3人前のネギを□本とすると、5：3＝4：□
□は、4の$\frac{3}{5}$倍。だから、$4×\frac{3}{5}=\frac{12}{5}=2\frac{2}{5}$。つまり、3本ひつよう。

よしおは、久しぶりに久米島にいるお母さんに会いに行こうと思いました。

① よしおは、荷物をもって、家から、地下鉄の駅まで歩いていきました。駅までのきょりは、1km。歩いた時間は、15分でした。このとき、よしおの歩いた時速をもとめなさい。

答え　時速4km
きょり÷時間＝速さ
時速を聞かれているので、
単位を合わせると、15分は
$\frac{1}{4}$時間。1km÷$\frac{1}{4}$＝4km

15分で1km歩くので、60分だと4km歩けるとも考えられますね。

② 地下鉄で羽田空港にとう着、ここから、沖縄の那覇空港までひこうきで向かいます。きょりは、1550km、時間は、1時間40分ほどかかるそうです。このときの、ひこうきの分速をもとめなさい。また、その時速ももとめなさい。

答え　分速15.5km　時速930km
1時間40分は、100分
1550km÷100分＝速さ（分速）15.5km
分速を時速に変えるには、
15.5km×60分＝930km。

東京
（羽田空港）

沖縄
（那覇空港）

③ 那覇からお母さんが住む久米島までは、船で行きます。
きょりは、96km、海があれていたので、時速16kmの船で行きました。
よしおが乗った船は、久米島まで何時間かかりますか？

答え　6時間
きょり÷速さ＝時間
（1時間で進む速さ）
96÷16＝6

久米島
お母さん
よしお
那覇

全部
とけたかな？

おぼえよう！
おっぱっぴー小学校の登場人物

よしお

弟 よしさぶろう

兄 よしいちろう

イコールマン

ミニよしお

わるお

九九をおぼえよう！

かいせつ❶

1×1 =1	1×2 =2	1×3 =3	1×4 =4	1×5 =5	1×6 =6	1×7 =7	1×8 =8	1×9 =9
2×1 =2	2×2 =4	2×3 =6	2×4 =8	2×5 =10	2×6 =12	2×7 =14	2×8 =16	2×9 =18
3×1 =3	3×2 =6	3×3 =9	3×4 =12	3×5 =15	3×6 =18	3×7 =21	3×8 =24	3×9 =27
4×1 =4	4×2 =8	4×3 =12	4×4 =16	4×5 =20	4×6 =24	4×7 =28	4×8 =32	4×9 =36
5×1 =5	5×2 =10	5×3 =15	5×4 =20	5×5 =25	5×6 =30	5×7 =35	5×8 =40	5×9 =45
6×1 =6	6×2 =12	6×3 =18	6×4 =24	6×5 =30	6×6 =36	6×7 =42	6×8 =48	6×9 =54
7×1 =7	7×2 =14	7×3 =21	7×4 =28	7×5 =35	7×6 =42	7×7 =49	7×8 =56	7×9 =63
8×1 =8	8×2 =16	8×3 =24	8×4 =32	8×5 =40	8×6 =48	8×7 =56	8×8 =64	8×9 =72
9×1 =9	9×2 =18	9×3 =27	9×4 =36	9×5 =45	9×6 =54	9×7 =63	9×8 =72	9×9 =81

かいせつ❷　　　かいせつ❸

九九とは、1×1から9×9のこと。1×1のところを1のだん、2×1のところを2のだん、3のだん、4のだん、5のだん、6のだん、7のだん、8のだん、9のだん。全部合わせて九九っていうんだ。

かいせつ❶ 全部で何こあると思う？　1×1から9×9まで、81こあるんだ。全部おぼえるのはたいへんだね。でもね、1のだんはとくにおぼえなくていいかな。1×1は1、1×2は2、1×3は3、1×4は4。こんな感じで、1のだんは数字がそのまま。かいせつ❷ ×1の列もそう。2×1は2、3×1は3。数字がそのまま答えになるから、ここもおぼえなくていいんだ！

かいせつ❸ まだへらしてほしいって？　じゃあ

うらわざを教えよう。この2×3を、ひっくり返したらどうなる？　3×2になるよね。2×3も3×2も答えは同じになるんだ。だから2×3でおぼえておけばいいよね。3×2はおぼえなくていいんだ。2×4は4×2、2×5は5×2、2×6は6×2…。ひっくり返したらいっしょだね！　3のだんも、4のだんも、5のだんも、全部ひっくり返したら同じものは、おぼえなくていいんだ！

だからおぼえるのは、2×2～2×9、3×3～3×9、4×4～4×9、5×5～5×9、6×6～6×9、7×7～7×9、8×8～8×9、9×9だ！　おぼえるのは81こから36こにへったね！

おぼえるのは
81こ→36こ

小島よしお先生から
勉強を終えた
お友だちへ

これで、よしおの授業は終わりです。

さいごまでよくがんばりました!

イェーイ、ハイタッチ〜
これでキミたちも、よしおに一歩近づいたね!

もう、お友だちに教えられるくらい

かんぺきにわかるようになったかな?

よしおが授業できないときは、

キミがかわりに教えてあげてね!

じつは、教えることって、とってもいいことなんだよ。

よしおも、この授業を始めてから

今までよりちょっとだけ、頭がよくなった気がするんだ。

だから、ぜひやってみてね!

それじゃあ、つづきはまた
「おっぱっぴー小学校」の
YouTubeチャンネルを見てね!

まーたね〜!

さいごまでよくがんばったね！
イェーイ、ハイタッチ〜
算数ってとっても楽しいよね！

おっぱっぴー小学校 算数ドリル

2021年1月14日　初版発行

著者	小島 よしお
発行者	青柳 昌行
発行	株式会社KADOKAWA 〒102-8177　東京都千代田区富士見2-13-3
電話	0570-002-301 (ナビダイヤル)
印刷所	大日本印刷株式会社

●お問い合わせ
https://www.kadokawa.co.jp/ (「お問い合わせ」へお進みください)
※内容によっては、お答えできない場合があります。
※サポートは日本国内のみとさせていただきます。
※Japanese text only

定価はカバーに表示してあります。